#초등수학심화서
#상위권이보는
#문제풀이동영상
#경시대회대비

최고수준 초등수학

Chunjae
Makes
Chunjae

▼

최고수준 초등수학

기획총괄 박금옥

편집개발 지유경, 정소현, 조선영, 최윤석, 남솔, 김혜진, 김장미, 유혜지, 정하영

디자인총괄 김희정

표지디자인 윤순미, 이주영

내지디자인 이은정, 서윤영

제작 황성진, 조규영

발행일 2023년 10월 15일 초판 2023년 10월 15일 1쇄

발행인 (주)천재교육

주소 서울시 금천구 가산로9길 54

신고번호 제2001-000018호

고객센터 1577-0902

상 위 권 실 력 완 성

최고수준

초등
1-1

차례

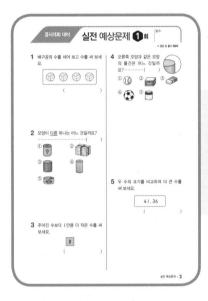

권말 부록

경시대회 대비 **실전 예상문제**

각종 경시대회에 출제되는 유형을 수록

STEP **1** **Start** 실전 개념

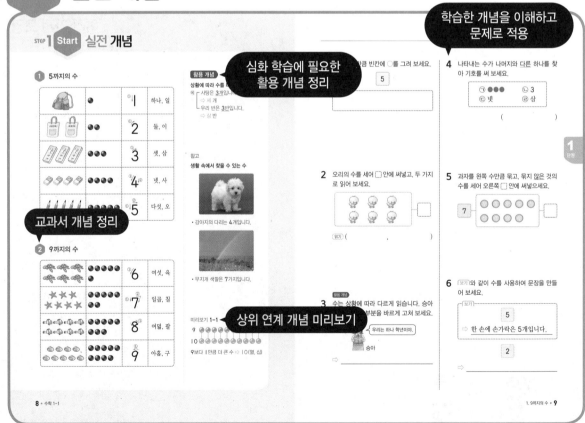

> 심화 학습에 필요한
> 활용 개념 정리

> 교과서 개념 정리

> 상위 연계 개념 미리보기

> 학습한 개념을 이해하고
> 문제로 적용

STEP2 Jump 실전 유형

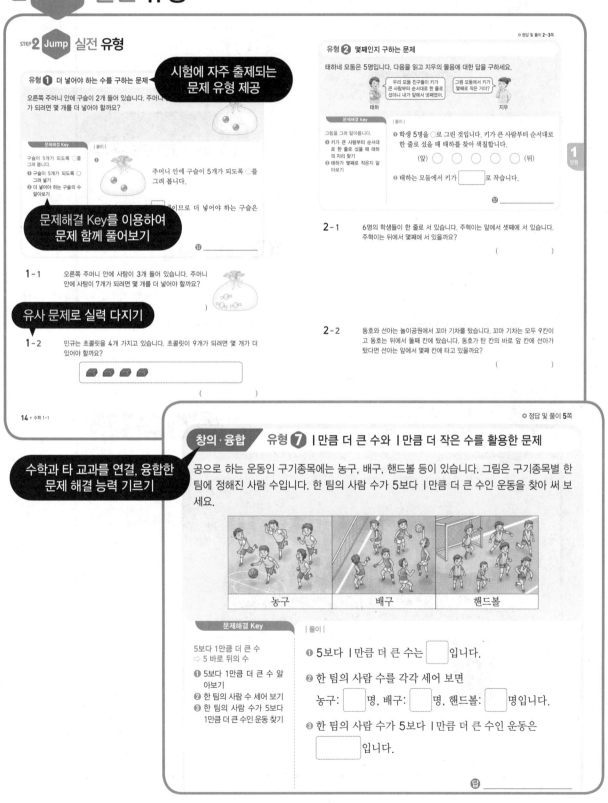

STEP2 Jump 실전 유형

유형 ❶ 더 넣어야 하는 수를 구하는 문제

> 시험에 자주 출제되는 문제 유형 제공

오른쪽 주머니 안에 구슬이 2개 들어 있습니다. 주머니 [ ]가 되려면 몇 개를 더 넣어야 할까요?

문제해결 Key

구슬이 5개가 되도록 ○를 그려 봅니다.
❶ 구슬이 5개가 되도록 ○ 그려 넣기
❷ 더 넣어야 하는 구슬의 수 알아보기

│풀이

❶ 주머니 안에 구슬이 5개가 되도록 ○를 그려 봅니다.

❷ [ ]개이므로 더 넣어야 하는 구슬은

답 _____

> 문제해결 Key를 이용하여 문제 함께 풀어보기

1-1 오른쪽 주머니 안에 사탕이 3개 들어 있습니다. 주머니 안에 사탕이 7개가 되려면 몇 개를 더 넣어야 할까요?

> 유사 문제로 실력 다지기

1-2 민규는 초콜릿을 4개 가지고 있습니다. 초콜릿이 9개가 되려면 몇 개가 더 있어야 할까요?

( )

14 · 수학 1-1

○ 정답 및 풀이 2~3쪽

유형 ❷ 몇째인지 구하는 문제

태하네 모둠은 5명입니다. 다음을 읽고 지우의 물음에 대한 답을 구하세요.

> 태하: 우리 모둠 친구들이 키가 큰 사람부터 순서대로 한 줄로 섰더니 내가 앞에서 넷째였어.
> 지우: 그럼 모둠에서 키가 몇째로 작은 거야?

문제해결 Key

그림을 그려 알아봅니다.
❶ 키가 큰 사람부터 순서대로 한 줄로 섰을 때 태하의 자리 찾기
❷ 태하가 몇째로 작은지 알아보기

│풀이

❶ 학생 5명을 ○로 그린 것입니다. 키가 큰 사람부터 순서대로 한 줄로 섰을 때 태하를 찾아 색칠합니다.

(앞) ○ ○ ○ ○ ○ (뒤)

❷ 태하는 모둠에서 키가 [ ]로 작습니다.

답 _____

2-1 6명의 학생들이 한 줄로 서 있습니다. 주혁이는 앞에서 셋째에 서 있습니다. 주혁이는 뒤에서 몇째에 서 있을까요?

( )

2-2 동호와 선아는 놀이공원에서 꼬마 기차를 탔습니다. 꼬마 기차는 모두 9칸이고 동호는 뒤에서 둘째 칸에 탔습니다. 동호가 탄 칸의 바로 앞 칸에 선아가 탔다면 선아는 앞에서 몇째 칸에 타고 있을까요?

( )

1 단원

○ 정답 및 풀이 5쪽

창의·융합 **유형 ❼ l만큼 더 큰 수와 l만큼 더 작은 수를 활용한 문제**

> 수학과 타 교과를 연결, 융합한 문제 해결 능력 기르기

공으로 하는 운동인 구기종목에는 농구, 배구, 핸드볼 등이 있습니다. 그림은 구기종목별 한 팀에 정해진 사람 수입니다. 한 팀의 사람 수가 5보다 l만큼 더 큰 수인 운동을 찾아 써 보세요.

농구	배구	핸드볼

문제해결 Key

5보다 1만큼 더 큰 수
⇨ 5 바로 뒤의 수

❶ 5보다 1만큼 더 큰 수 알아보기
❷ 한 팀의 사람 수 세어 보기
❸ 한 팀의 사람 수가 5보다 1만큼 더 큰 수인 운동 찾기

│풀이

❶ 5보다 l만큼 더 큰 수는 [ ]입니다.

❷ 한 팀의 사람 수를 각각 세어 보면

농구: [ ]명, 배구: [ ]명, 핸드볼: [ ]명입니다.

❸ 한 팀의 사람 수가 5보다 l만큼 더 큰 수인 운동은 [ ]입니다.

답 _____

STEP 3 Master 심화 유형

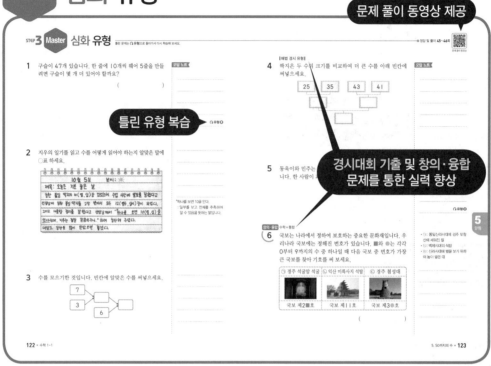

틀린 유형 복습

경시대회 기출 및 창의·융합 문제를 통한 실력 향상

STEP 4 Top 최고 수준

높은 수준의 교내외 경시대회 및 창의·융합 문제를 통한 각종 문제 완전 정복

상위권 실력 완성을 위한 공부 비법!

무료 모바일 학습

● **표지**에 있는 **큐알을 찍으면** 해당 학년 내용이 제공됩니다.

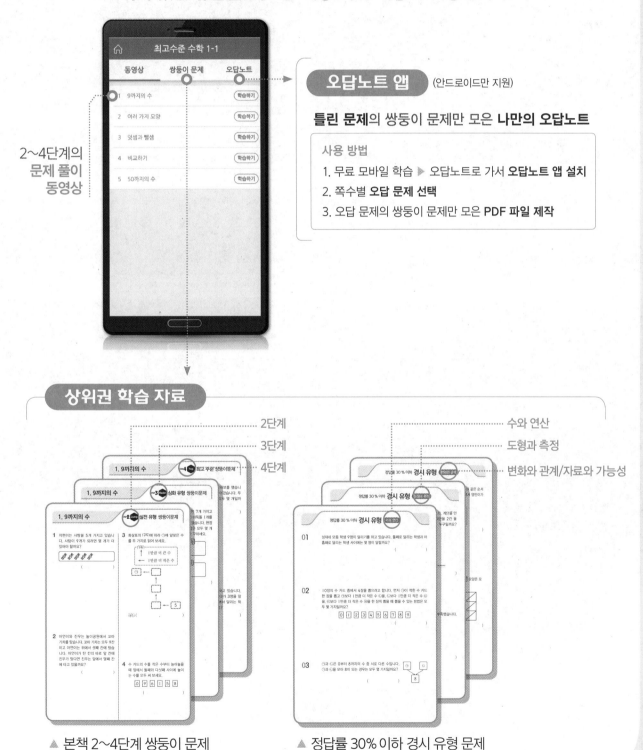

오답노트 앱 (안드로이드만 지원)

틀린 문제의 쌍둥이 문제만 모은 **나만의 오답노트**

사용 방법
1. 무료 모바일 학습 ▶ 오답노트로 가서 **오답노트 앱 설치**
2. 쪽수별 **오답 문제 선택**
3. 오답 문제의 쌍둥이 문제만 모은 **PDF 파일 제작**

2~4단계의
문제 풀이
동영상

상위권 학습 자료

2단계

3단계

4단계

수와 연산

도형과 측정

변화와 관계/자료와 가능성

▲ 본책 2~4단계 쌍둥이 문제

▲ 정답률 30% 이하 경시 유형 문제

1

9까지의 수

꼭 알아야 할 대표 유형

유형 ① 더 넣어야 하는 수를 구하는 문제

유형 ② 몇째인지 구하는 문제

유형 ③ 규칙에 따라 해결하는 문제

유형 ④ 수의 순서와 크기 비교를 활용한 문제

유형 ⑤ 조건을 만족하는 수를 구하는 문제

유형 ⑥ 전체 수를 구하는 문제

유형 ⑦ 1만큼 더 큰 수와 1만큼 더 작은 수를 활용한 문제

1 5까지의 수

가방	●	①↓ 1	하나, 일
주머니 2개	●●	① 2	둘, 이
필통 3개	●●●	① 3	셋, 삼
지우개 4개	●●●●	① 4 ②	넷, 사
연필 5자루	●●●●●	① ② 5	다섯, 오

활용 개념

상황에 따라 수를 다르게 읽는 경우

예 ┌ 사탕은 **3**개입니다.
　 　 ⇨ 세 개
　 └ 우리 반은 **3**반입니다.
　 　 ⇨ 삼 반

참고

생활 속에서 찾을 수 있는 수

• 강아지의 다리는 **4**개입니다.

• 무지개 색깔은 **7**가지입니다.

2 9까지의 수

거북 6마리	●●●●● ●	① 6	여섯, 육
불가사리 7개	●●●●● ●●	①↓ 7 ②	일곱, 칠
물고기 8마리	●●●●● ●●●	8 ①	여덟, 팔
조개 9개	●●●●● ●●●●	① 9	아홉, 구

미리보기 1-1

9 ●●●●●●●●●○
10 ●●●●●●●●●●

9보다 **1**만큼 더 큰 수 ⇨ **10**(열, 십)

1 주어진 수만큼 빈칸에 ○를 그려 보세요.

5

2 오리의 수를 세어 ☐ 안에 써넣고, 두 가지로 읽어 보세요.

☐

읽기 (　　　　　,　　　　　)

활용 개념

3 수는 상황에 따라 다르게 읽습니다. 승아가 잘못 읽은 부분을 바르게 고쳐 보세요.

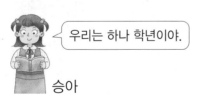

우리는 하나 학년이야.

승아

⇨ _____

4 나타내는 수가 나머지와 다른 하나를 찾아 기호를 써 보세요.

| ㉠ ●●● | ㉡ 3 |
| ㉢ 넷 | ㉣ 삼 |

(　　　　　　　　　)

5 과자를 왼쪽 수만큼 묶고, 묶지 않은 것의 수를 세어 오른쪽 ☐ 안에 써넣으세요.

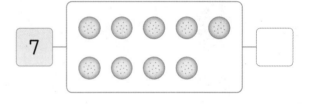

7   ☐

6 보기와 같이 수를 사용하여 문장을 만들어 보세요.

보기

5

⇨ 한 손에 손가락은 5개입니다.

2

⇨ _____

1 수로 순서를 나타내기

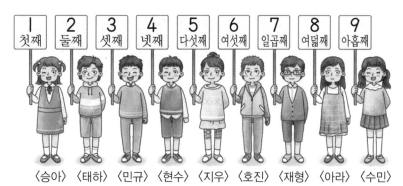

┌ 셋째는 민규입니다.
└ 지우는 다섯째입니다.

위에서 둘째 쌓기나무

아래에서 넷째 쌓기나무

노란색 → 쌓기나무

노란색 쌓기나무는 아래에서 셋째이고, 위에서 일곱째예요.

2 수의 순서

• 수를 순서대로 쓰기

• 순서를 거꾸로 하여 수를 쓰기

활용 개념

수와 순서의 차이

┌ 4 — 넷을 나타내는 수
└ 넷째 — 넷째 1개를 나타내는 순서

참고

생활 속 수의 순서

• 기록의 순서를 나타낼 때

기록이 좋은 사람부터 1등, 2등, 3등입니다.

• 층의 순서를 나타낼 때

우리 집은 8층입니다.

활용 개념

1 보기와 같이 색칠해 보세요.

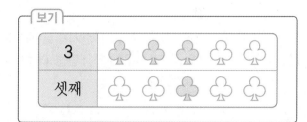

2 쌓기나무를 오른쪽 그림과 같이 9개 쌓았습니다. 아래에서 일곱째에 있는 쌓기나무에 색칠해 보세요.

3 수를 순서대로 선으로 이어 보세요.

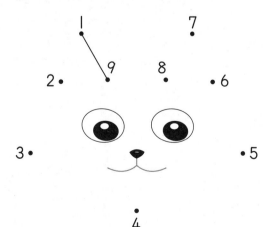

4 순서를 거꾸로 하여 빈칸에 알맞은 수를 써넣으세요.

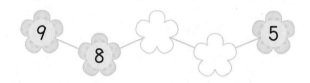

5 8은 오른쪽에서 몇째에 있을까요?

| 1 | 8 | 6 | 7 | 2 | 4 |

( )

6 정아는 같은 아파트 4층에 사는 친구 집에 갔다가 집으로 가기 위해 3층을 더 올라갔습니다. 정아네 집은 몇 층일까요?

( )

1 |만큼 더 큰 수와 |만큼 더 작은 수

|만큼 더 작은 수		|만큼 더 큰 수

⑤———⑥———⑦

참고

수를 작은 수부터 순서대로 쓸 때
|만큼 더 작은 수와 |만큼 더 큰 수
알아보기

|만큼 더 작은 수 |만큼 더 큰 수

| 7 |—| 8 |—| 9 |

┌ 8보다 |만큼 더 작은 수:
│ 8 바로 앞의 수 ⇨ 7
└ 8보다 |만큼 더 큰 수:
  8 바로 뒤의 수 ⇨ 9

2 0 알아보기

2	1	0

아무것도 없는 것을 0이라 쓰고
영이라고 읽어요.

활용 개념

여러 수의 크기를 비교하는 방법

| 2 3 4 5 6 7 8 9
←————————————————→
작은 수   큰 수

수를 작은 수부터 순서대로 쓸 때
┌ ■ 왼쪽에 있는 수: ■보다 작은 수
└ ■ 오른쪽에 있는 수: ■보다 큰 수
예 6보다 작은 수: |, 2, 3, 4, 5
   6보다 큰 수: 7, 8, 9

3 두 수의 크기 비교

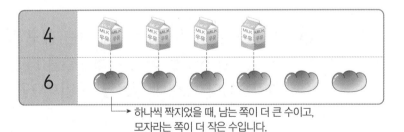

4					
6					

→ 하나씩 짝지었을 때, 남는 쪽이 더 큰 수이고,
  모자라는 쪽이 더 작은 수입니다.

┌ 우유는 빵보다 적습니다. ⇨ 4는 6보다 작습니다.
└ 빵은 우유보다 많습니다. ⇨ 6은 4보다 큽니다.

1 빈칸에 알맞은 수를 써넣으세요.

4 ☐ 안에 알맞은 수를 써넣으세요.

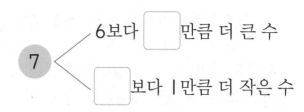

2 주어진 수보다 |만큼 더 큰 수만큼 묶어 보세요.

5 가장 큰 수에 ○표, 가장 작은 수에 △표 하세요.

5	6	3	9

3 8보다 작은 수에 모두 색칠해 보세요.

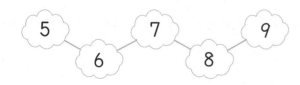

6 연필을 지수는 7자루, 준영이는 5자루 가지고 있습니다. 지수와 준영이 중 누가 연필을 더 많이 가지고 있을까요?

(   )

유형 ① 더 넣어야 하는 수를 구하는 문제

오른쪽 주머니 안에 구슬이 2개 들어 있습니다. 주머니 안에 구슬이 5개가 되려면 몇 개를 더 넣어야 할까요?

문제해결 Key

구슬이 5개가 되도록 ○를 그려 봅니다.

❶ 구슬이 5개가 되도록 ○ 그려 넣기
❷ 더 넣어야 하는 구슬의 수 알아보기

| 풀이 |

❶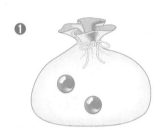

주머니 안에 구슬이 5개가 되도록 ○를 그려 봅니다.

❷ ❶에서 그린 ○가 ☐ 개이므로 더 넣어야 하는 구슬은

☐ 개입니다.

답 _____

1-1 오른쪽 주머니 안에 사탕이 3개 들어 있습니다. 주머니 안에 사탕이 7개가 되려면 몇 개를 더 넣어야 할까요?

( )

1-2 민규는 초콜릿을 4개 가지고 있습니다. 초콜릿이 9개가 되려면 몇 개가 더 있어야 할까요?

( )

유형 ② 몇째인지 구하는 문제

태하네 모둠은 5명입니다. 다음을 읽고 지우의 물음에 대한 답을 구하세요.

우리 모둠 친구들이 키가 큰 사람부터 순서대로 한 줄로 섰더니 내가 앞에서 넷째였어.

그럼 모둠에서 키가 몇째로 작은 거야?

태하

지우

문제해결 Key

그림을 그려 알아봅니다.

❶ 키가 큰 사람부터 순서대로 한 줄로 섰을 때 태하의 자리 찾기

❷ 태하가 몇째로 작은지 알아보기

| 풀이 |

❶ 학생 5명을 ○로 그린 것입니다. 키가 큰 사람부터 순서대로 한 줄로 섰을 때 태하를 찾아 색칠합니다.

(앞)   (뒤)

❷ 태하는 모둠에서 키가 [   ]로 작습니다.

답 _____

2-1 6명의 학생들이 한 줄로 서 있습니다. 주혁이는 앞에서 셋째에 서 있습니다. 주혁이는 뒤에서 몇째에 서 있을까요?

(   )

2-2 동호와 선아는 놀이공원에서 꼬마 기차를 탔습니다. 꼬마 기차는 모두 9칸이고 동호는 뒤에서 둘째 칸에 탔습니다. 동호가 탄 칸의 바로 앞 칸에 선아가 탔다면 선아는 앞에서 몇째 칸에 타고 있을까요?

(   )

화살표의 규칙에 따라 ㉠에 알맞은 수를 두 가지로 읽어 보세요.

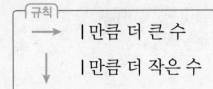
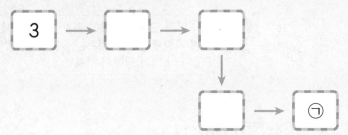

문제해결 Key

· ■보다 1만큼 더 큰 수
  ⇨ ■ 바로 뒤의 수

· ■보다 1만큼 더 작은 수
  ⇨ ■ 바로 앞의 수

❶ ㉠ 구하기
❷ ㉠을 두 가지로 읽어 보기

| 풀이 |

❶ 규칙에 따라 빈칸에 알맞은 수를 써넣으면

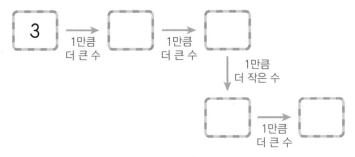

이므로 ㉠에 알맞은 수는 ☐ 입니다.

❷ ㉠에 알맞은 수를 두 가지로 읽어 보면

☐ , ☐ 입니다.

읽기 ＿＿＿＿＿＿＿＿ , ＿＿＿＿＿＿＿＿

3-1 화살표의 규칙에 따라 ㉠에 알맞은 수를 두 가지로 읽어 보세요.

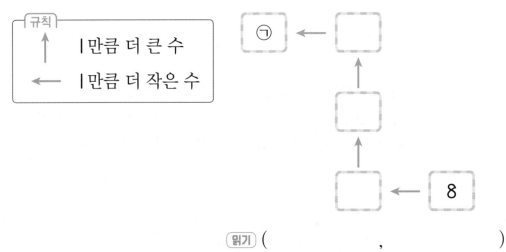

읽기 (＿＿＿＿ , ＿＿＿＿)

유형 4 수의 순서와 크기 비교를 활용한 문제

수 카드의 수를 작은 수부터 늘어놓을 때 앞에서 셋째에 놓이는 수는 얼마일까요?

| 5 | 0 | 7 | 1 | 2 |

문제해결 Key

0부터 9까지의 수를 순서대로 쓰면
0, 1, 2, 3, 4, 5, 6, 7, 8, 9
입니다.

❶ 수 카드의 수를 작은 수부터 늘어놓기
❷ 앞에서 셋째에 놓이는 수 알아보기

| 풀이 |

❶ 수 카드의 수를 작은 수부터 늘어놓으면

0, ☐ , ☐ , ☐ , 7입니다.

❷ 앞에서 셋째에 놓이는 수는 ☐ 입니다.

답 _____

1
단원

4-1 수 카드의 수를 큰 수부터 늘어놓을 때 뒤에서 넷째에 놓이는 수는 얼마일까요?

| 6 | 3 | 8 | 5 | 4 |

(   )

4-2 수 카드의 수를 작은 수부터 늘어놓을 때 앞에서 둘째와 다섯째 사이에 놓이는 수를 모두 써 보세요.

| 0 | 9 | 3 | 2 | 4 | 7 |

(   )

유형 ⑤ 조건을 만족하는 수를 구하는 문제

두 조건을 만족하는 수를 모두 구하세요.

> • 1과 6 사이의 수입니다.
> • 3보다 큰 수입니다.

문제해결 Key

■와 ▲ 사이의 수
⇨ ■와 ▲는 포함되지 않습니다.

❶ 1과 6 사이의 수 구하기
❷ ❶에서 구한 수 중 3보다 큰 수 구하기

| 풀이 |

❶ 1과 6 사이의 수는 2, ☐ , ☐ , ☐ 입니다.

❷ ❶에서 구한 수 중 3보다 큰 수는 ☐ , ☐ 입니다.

답 _____

5-1 두 조건을 만족하는 수를 모두 구하세요.

> • 3과 9 사이의 수입니다.
> • 7보다 작은 수입니다.

(   )

5-2 ☐ 안에는 모두 같은 수가 들어갑니다. ☐ 안에 들어갈 수 있는 수를 모두 구하세요.

> • 4는 ☐보다 작습니다.
> • ☐은/는 8보다 작습니다.

(   )

유형 **6** 전체 수를 구하는 문제

진영이는 버스를 타기 위해 한 줄로 서 있습니다. 진영이 앞에는 2명, 뒤에는 4명이 서 있을 때, 줄을 서 있는 사람은 모두 몇 명일까요?

문제해결 Key		풀이

그림을 그려 알아봅니다.

❶ 상황을 그림으로 그리기

❷ 줄을 서 있는 사람 수 구하기

❶ 진영이의 앞과 뒤에 서 있는 사람을 ○로 나타냅니다.

(앞)　　　　　　　　　　○　　　　　　　　　　(뒤)
　　　　　　　　　　　진영

❷ 줄을 서 있는 사람은 모두 ☐ 명입니다.

답 _____

6-1　　예나는 급식을 받기 위해 한 줄로 서 있습니다. 예나 앞에는 3명, 뒤에는 5명이 서 있을 때, 줄을 서 있는 사람은 모두 몇 명일까요?

(　　　　　　　　　)

6-2　　주영이는 달리기를 하고 있습니다. 주영이가 앞에서 둘째, 뒤에서 넷째로 달리고 있을 때, 달리기를 하고 있는 사람은 모두 몇 명일까요?

(　　　　　　　　　)

6-3　　연준이는 아래에서 셋째, 위에서 여섯째인 층에 살고 있습니다. 연준이가 살고 있는 아파트는 몇 층까지 있을까요?

(　　　　　　　　　)

창의·융합 **유형 ❼** l만큼 더 큰 수와 l만큼 더 작은 수를 활용한 문제

공으로 하는 운동인 구기종목에는 농구, 배구, 핸드볼 등이 있습니다. 그림은 구기종목별 한 팀에 정해진 사람 수입니다. 한 팀의 사람 수가 5보다 l만큼 더 큰 수인 운동을 찾아 써 보세요.

| 농구 | 배구 | 핸드볼 |

문제해결 Key

5보다 1만큼 더 큰 수
⇨ 5 바로 뒤의 수

❶ 5보다 1만큼 더 큰 수 알아보기
❷ 한 팀의 사람 수 세어 보기
❸ 한 팀의 사람 수가 5보다 1만큼 더 큰 수인 운동 찾기

| 풀이 |

❶ 5보다 l만큼 더 큰 수는 ☐ 입니다.

❷ 한 팀의 사람 수를 각각 세어 보면

농구: ☐ 명, 배구: ☐ 명, 핸드볼: ☐ 명입니다.

❸ 한 팀의 사람 수가 5보다 l만큼 더 큰 수인 운동은

☐ 입니다.

답 _____

7-1 놀이기구에 탄 사람 수가 9보다 l만큼 더 작은 수인 놀이기구를 찾아 써 보세요.

| 회전컵 | 정글 탐험 보트 | 허리케인 |

(   )

1 다음에서 7칸을 색칠한 것을 모두 찾아 기호를 써 보세요.

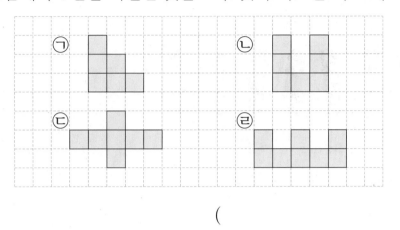

( )

1

단원

| 성대 경시 유형 |

2 실을 오른쪽과 같이 점선을 따라 잘랐습니다. 실은 모두 몇 도막이 되었을까요?

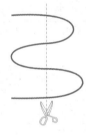

( )

3 소민이는 흰색 바둑돌만 6개 가지고 있었습니다. 그중 흰색 바둑돌 1개를 검은색 바둑돌 3개로 바꾸었습니다. 소민이가 가지고 있는 바둑돌은 모두 몇 개가 되었는지 그림을 그려 구하세요.

흰색 바둑돌	검은색 바둑돌

🎧 유형**❶**

( )

4 앞에서 다섯째와 여덟째 사이에 서 있는 사람은 모두 몇 명일까요?

( )

오답 노트

|성대 경시 유형|

5 승아의 일기를 읽고 3을 나타내는 말이 모두 몇 번 나오는지 구하세요.

> 4월 7일   날씨 : ☀
>
> 제목 : 생일 파티
>
> 오늘은 내 생일이다. 그래서 친구들 세 명이 세 시까지
> 우리 집으로 놀러 왔다. 케이크에 초를 여덟 개 꽂고
> 생일 축하 노래도 부르고 맛있는 음식도 먹었다.
> 선물도 필통 한 개, 인형 두 개, 연필 세 자루를
> 받아서 즐거웠다.

( )

6 오른쪽 그림은 쌓기나무 5개를 쌓은 것입니다. 위에서 넷째에 있는 쌓기나무는 아래에서 몇째에 있을까요?

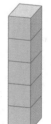

( )

🎧유형 ❷

7 주어진 수 중에서 4와 8 사이의 수는 모두 몇 개일까요?

| 6 4 1 7 9 0 |

(   )

🎧 유형 **5**

1
단원

8 사탕을 민영이는 5개, 은하는 7개 가지고 있습니다. 두 사람이 가지고 있는 사탕 수가 같아지려면 은하는 민영이에게 사탕을 몇 개 주어야 할까요?

(   )

창의·융합 수학+통합

9 *거문고, 해금, 아쟁은 우리나라 음악을 연주할 때 사용하는 악기로 줄을 울려 소리를 내는 악기입니다. 거문고, 해금, 아쟁 중 줄 수가 가장 많은 악기를 찾아 써 보세요.
└ 현명악기

*거문고: 손을 사용하지 않고 술대를 사용해서 밀고 뜯거나 내리쳐서 소리를 냅니다.
*해금: 독특한 음색 때문에 '깡깡이'라고도 합니다.
*아쟁: 활로 문질러 소리를 냅니다. 7~10줄 등 쓰임새에 따라 줄 수가 조금씩 다릅니다.

거문고	해금	아쟁
6줄	2줄	8줄

(   )

10 수학 문제를 은수는 5개, 경은이는 6개, 수아는 8개 맞혔습니다. 주오는 경은이보다 많이 맞혔지만 수아보다는 적게 맞혔습니다. 주오는 수학 문제를 몇 개 맞혔을까요?

(   )

오답 노트

11 규칙에 따라 ☐ 안에 알맞은 수를 써넣으세요.

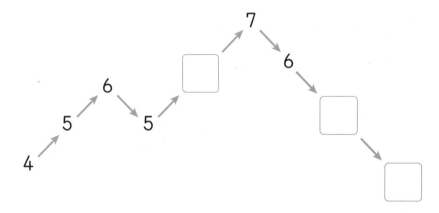

∩ 유형 ❸

|해법 경시 유형|

12 태하와 지우가 각각 네 개의 수를 다음과 같은 순서로 썼습니다. 왼쪽에서 셋째로 쓴 수가 더 큰 사람은 누구인지 이름을 써 보세요.

태하   지우

(   )

∩ 유형 ❹

13 늘어놓은 수 카드를 보고 잘못 말한 사람의 이름을 써 보세요.

| 7 | 4 | 9 | 1 | 0 | 6 |

> 왼쪽에서 다섯째 수는 0이고 영이라고 읽어.

> 왼쪽에서 둘째 수보다 1만큼 더 작은 수는 2야.

> 왼쪽에서 셋째 수는 왼쪽에서 여섯째 수보다 커.

민규   승아   태하

(   )

유형 ❼

1 단원

| 성대 경시 유형 |

14 ☐ 안에는 모두 같은 수가 들어갑니다. ☐ 안에 들어갈 수 있는 수를 모두 구하세요.

- ☐은/는 4보다 큽니다.
- ☐은/는 9보다 작습니다.
- ☐은/는 6보다 큽니다.

(   )

유형 ❺

| 성대 경시 유형 |

15 건우는 친구들과 한 줄로 서 있습니다. 건우는 앞에서 둘째에 서 있고, 건우 바로 뒤에는 윤아가 서 있습니다. 윤아는 뒤에서 다섯째에 서 있습니다. 줄을 서 있는 사람은 모두 몇 명일까요?

(   )

유형 ❻

│성대 경시 유형│

1 보기와 같이 각 점에 연결된 선의 개수를 세려고 합니다. 오른쪽 그림에서 선이 3개 연결된 점은 모두 몇 개일까요?

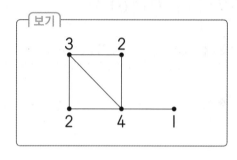

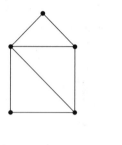

(   )

2 진솔이는 귤 3개를 가지고 있었습니다. 그중에서 2개는 오빠에게 주고 1개는 진솔이가 먹었습니다. 지금 진솔이에게 남은 귤은 몇 개일까요?

(   )

3 미정이와 남규가 가위바위보를 했습니다. 미정이가 가위를 내어 이겼습니다. 두 사람이 펼친 손가락은 모두 몇 개일까요?

(   )

4 학생 9명이 달리기를 하고 있습니다. 주원이는 6등으로 달리다가 2명을 앞질렀습니다. 주원이 뒤에서 달리는 학생은 몇 명이 되었을까요?

(   )

|해법 경시 유형|

5 주어진 7장의 수 카드를 한 번씩 모두 사용하여 보기와 같이 가로로 보아도 세로로 보아도 작은 수부터 순서대로 놓이도록 하려고 합니다. ㉠에 놓이는 수를 구하세요.

| 1 | 2 | 3 | 3 | 4 | 5 | 6 |

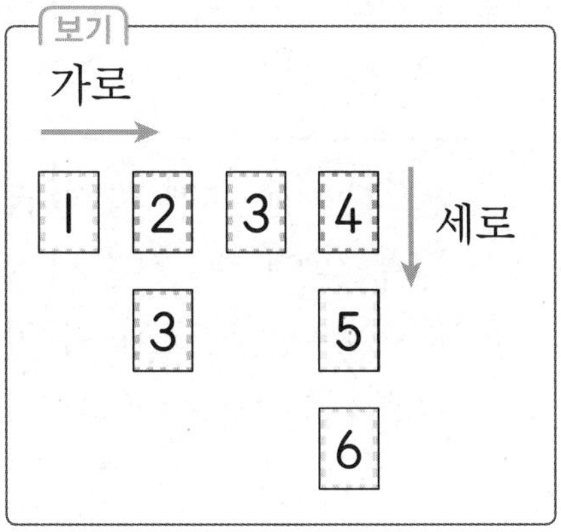

보기

가로 →

| 1 | 2 | 3 | 4 | 세로 ↓
| | 3 | | 5 |
| | | | 6 |

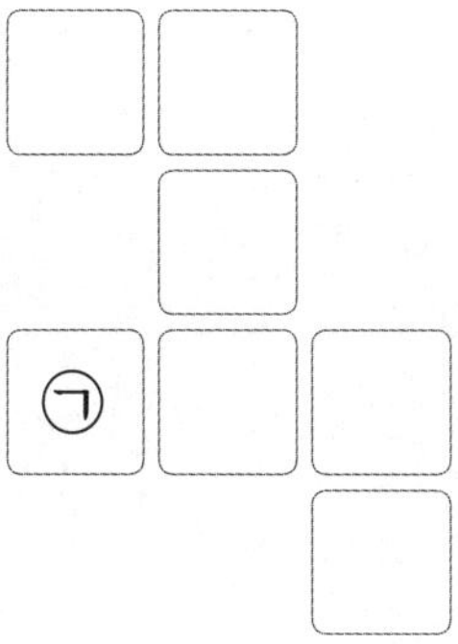

(   )

|해법 경시 유형|

6 그림에서 오른쪽으로 한 칸 갈 때마다 1씩 커지고, 아래쪽으로 한 칸 갈 때마다 2씩 작아집니다. ㉠에 알맞은 수를 구하세요.

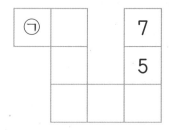

(   )

7 혜진, 미애, 정우, 환희, 유준이가 한 줄로 서 있습니다. 다음을 읽고 앞에서 셋째에 서 있는 사람은 누구인지 이름을 써 보세요.

> • 환희는 맨 앞에 서 있습니다.
> • 정우 앞에 세 명이 서 있습니다.
> • 미애는 정우 뒤에 서 있습니다.
> • 유준이는 혜진이 앞에 서 있습니다.

(   )

수학+게임

오른쪽과 같은 놀이판이 있습니다.

민주가 주사위를 던져 의 눈이

나왔을 때, 민주의 말과 같은 위치에

있게 되는 사람을 모두 찾아 기호를

써 보세요.

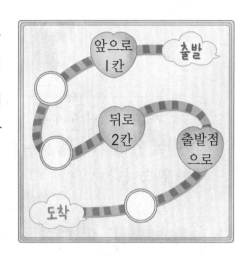

┌─ 놀이 방법 ─┐
- 말은 모두 출발 지점에서 출발합니다.
- 주사위를 던져 나온 눈의 수만큼 말을 앞으로 이동합니다.
- 각 자리에 쓰여진 명령에 따라 말을 이동합니다.
- 도착 지점에 먼저 도착한 사람이 이깁니다.

㉠ 지우　　㉡ 성희　　㉢ 하준　　㉣ 여은　　㉤ 경아

(　　　　　　　　　　　)

|해법 경시 유형|

9 성냥개비로 다음과 같이 0부터 9까지의 수를 만들 수 있습니다.

성냥개비를 사용하여 만든 오른쪽 수 6에서 성냥개비 한 개를 빼거나 옮겨서 위와 같이 만들 수 있는 수는 모두 몇 개일까요? (단, 뒤집거나 돌리는 경우는 생각하지 않습니다.)

(　　　　　　　　　　　)

건너뛰기

동물들은 목에 걸린 번호표에 적힌 수만큼씩 뛴 곳의 징검다리(돌다리)만 밟고 건널 수 있습니다. 동물들은 밟고 지나가는 징검다리(돌다리)에 놓인 먹이만 먹을 수 있습니다.

》 보기와 같은 방법으로 개구리들이 징검다리를 건너뛰어 파리를 잡아먹으려고 합니다. 개구리가 밟고 지나간 징검다리에 ∨표 하고 파리를 잡아먹을 수 있으면 파리에 ○표, 잡아먹을 수 <u>없으면</u> ✕표 하세요.

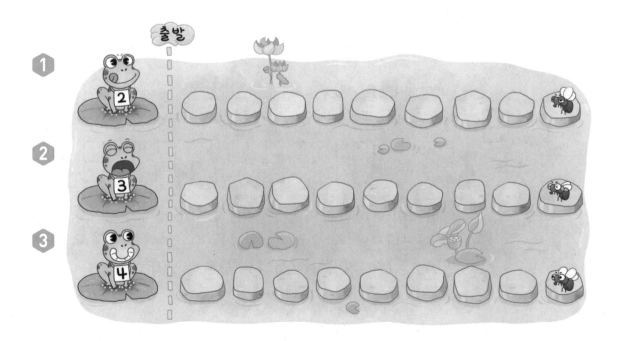

>> [보기]와 같은 방법으로 동물들이 돌다리를 건너뛰어 음식을 먹으려고 합니다. 동물들이 밟고 지나간 자리에 ∨표 하고 음식을 먹을 수 있으면 음식에 ○표, 먹을 수 없으면 ×표 하세요.

4

5

6

2

여러 가지 모양

꼭 알아야 할 **대표 유형**

유형 **1** 둘 다 가지고 있는 모양을 알아보는 문제

유형 **2** 조건에 알맞은 모양을 찾는 문제

유형 **3** 가장 많이 사용한 모양을 알아보는 문제

유형 **4** 규칙을 찾아 해결하는 문제

유형 **5** 주어진 모양으로 만든 것을 찾는 문제

유형 **6** 설명하는 모양을 더 적게 사용한 모양을 찾는 문제

유형 **7** 모양의 특징을 알아보는 문제

1 여러 가지 모양 찾기

- 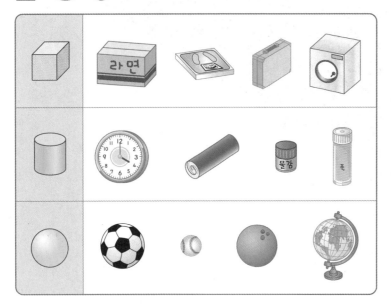 , , 모양 찾기

2 같은 모양끼리 모으기

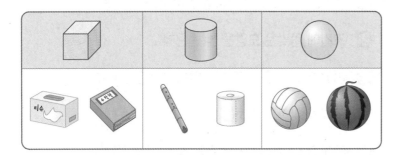

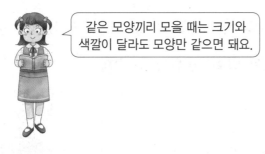

> 같은 모양끼리 모을 때는 크기와 색깔이 달라도 모양만 같으면 돼요.

참고

- 주변에서 찾을 수 있는 모양

▲ 케이크 상자 ▲ 블록

- 주변에서 찾을 수 있는 모양

▲ 통조림 ▲ 자동차 바퀴

- 주변에서 찾을 수 있는 모양

▲ 경단 ▲ 주먹밥

1 ⬜모양에 □표, 🟦모양에 △표, ◯
모양에 ◯표 하세요.

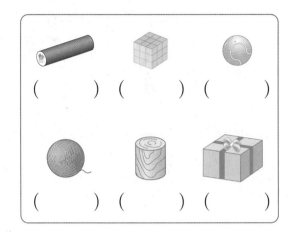

(   ) (   ) (   )

(   ) (   ) (   )

2 모양이 같은 것끼리 선으로 이어 보세요.

3 다음 중 모양이 <u>다른</u> 하나는 어느 것일까
요?·······························(   )

①   ②   ③

④   ⑤

4 물건을 같은 모양끼리 모은 사람을 찾아
이름을 써 보세요.

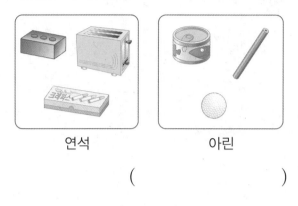

연석   아린

(   )

5 🟦모양은 모두 몇 개일까요?

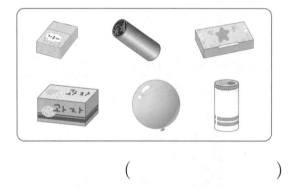

(   )

6 우리 주변에서 ◯ 모양의 물건을 2개
찾아 써 보세요.

(   ), (   )

2
단원

1 여러 가지 모양 알아보기

보이는 모양	전체 모양과 특징
	뾰족한 부분이 있습니다. 평평한 부분이 있습니다.
	평평한 부분이 있습니다. 둥근 부분이 있습니다.
	모든 부분이 다 둥급니다. 평평한 부분과 뾰족한 부분이 없습니다.

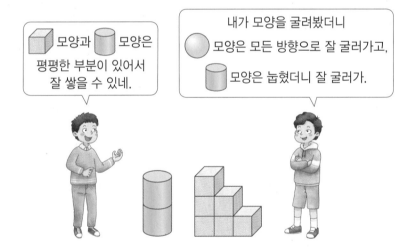

📦 모양과 🥫 모양은 평평한 부분이 있어서 잘 쌓을 수 있네.

내가 모양을 굴려봤더니
🔴 모양은 모든 방향으로 잘 굴러가고,
🥫 모양은 눕혔더니 잘 굴러가.

2 여러 가지 모양으로 만들기

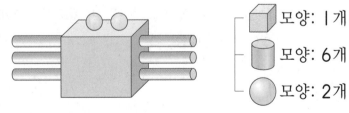

📦 모양: 1개
🥫 모양: 6개
🔴 모양: 2개

활용 개념

평평한 부분의 수 알아보기

모양	평평한 부분의 수
📦	6
🥫	2
🔴	0

참고

각 모양의 개수를 셀 때에는 빠뜨리지 않도록 ∨, ×, / 등의 표시를 하면서 세어 봅니다.

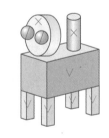

📦 모양(∨표): 5개

🥫 모양(×표): 2개

🔴 모양(/표): 2개

1 오른쪽 모양과 같은 모양의 물건을 찾아 기호를 써 보세요.

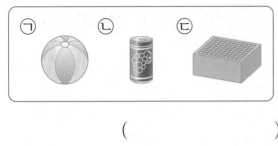

(   )

2 지연, 민규, 승주가 각자 모은 모양을 모두 쌓으려고 합니다. 쌓을 수 <u>없는</u> 모양을 가진 사람을 찾아 이름을 써 보세요.

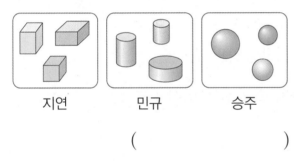

지연   민규   승주

(   )

활용 개념

3 평평한 부분의 개수와 관계있는 모양을 선으로 이어 보세요.

평평한 부분이 2개	•	•	⬤
평평한 부분이 0개	•	•	⬢
평평한 부분이 6개	•	•	◼

4 모양을 보고 ◻, ⬢, ⬤ 모양 중에서 어떤 모양으로 만들었는지 ○표 하고, 몇 개 사용하였는지 구하세요.

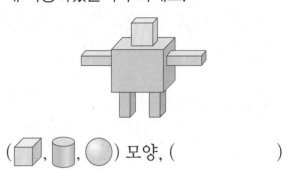

(◻, ⬢, ⬤) 모양, (   )

5 모양을 보고 ◻, ⬢, ⬤ 모양을 각각 몇 개 사용하였는지 구하세요.

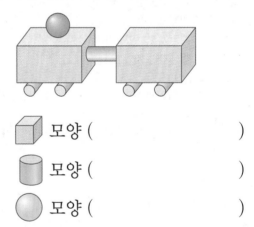

◻ 모양 (   )

⬢ 모양 (   )

⬤ 모양 (   )

6 ◻, ⬢, ⬤ 모양 중에서 지우의 설명에 알맞은 모양의 물건을 우리 주변에서 2개 찾아 써 보세요.

뾰족한 부분도 있고 평평한 부분도 있어요.

지우

(   ), (   )

유형 **1** 둘 다 가지고 있는 모양을 알아보는 문제

재민이와 선아가 가지고 있는 물건입니다. 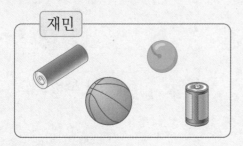 모양 중에서 두 사람이 모두 가지고 있는 모양을 찾아 ◯표 하세요.

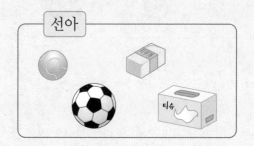

문제해결 Key

두 사람이 각각 가지고 있는 물건의 모양을 알아봅니다.

❶ 재민이가 가지고 있는 물건의 모양 알아보기
❷ 선아가 가지고 있는 물건의 모양 알아보기
❸ 두 사람이 모두 가지고 있는 모양 알아보기

| 풀이 |

❶ 재민이가 가지고 있는 물건의 모양을 모두 찾으면 () 모양입니다.
 알맞은 것에 ◯표 하세요.

❷ 선아가 가지고 있는 물건의 모양을 모두 찾으면 () 모양입니다.

❸ 두 사람이 모두 가지고 있는 모양은 () 모양입니다.

답 _____

1-1 호영이와 은서네 집에 있는 물건입니다. ◻, ◻, ◯ 모양 중에서 두 사람의 집에 모두 있는 모양을 찾아 ◯표 하세요.

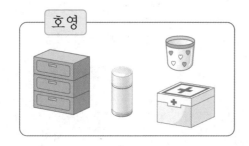
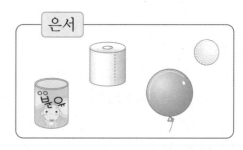

()

유형 ❷ 조건에 알맞은 모양을 찾는 문제

왼쪽 모양과 같은 모양의 물건은 모두 몇 개일까요?

| 문제해결 Key |

□ : 뾰족한 부분과 평평한
　부분이 있습니다.

□ : 평평한 부분과 둥근 부
　분이 있습니다.

○ : 모든 부분이 다 둥급니다.

❶ 왼쪽 모양의 전체 모양 알
　아보기

❷ 왼쪽 모양과 같은 모양의
　물건 찾기

| 풀이 |

❶ 왼쪽 모양은 뾰족한 부분과 평평한 부분이 있으므로

(□ , □ , ○) 모양입니다.

❷ 왼쪽 모양과 같은 모양의 물건을 모두 찾아 기호를 쓰면

　　　　　　　　　　　　이므로 모두 　　 개입니다.

답 _____

2
단원

2-1 왼쪽 모양과 같은 모양의 물건은 모두 몇 개일까요?

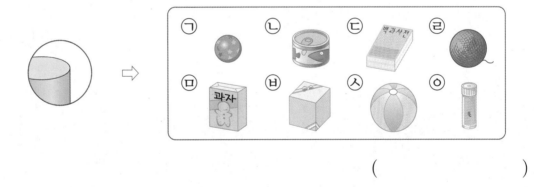

(　　　　　　)

2-2 민규의 설명에 알맞은 모양의 물건은 모두 몇 개일까요?

모든 부분이 다 둥글고
잘 굴러가요.

민규

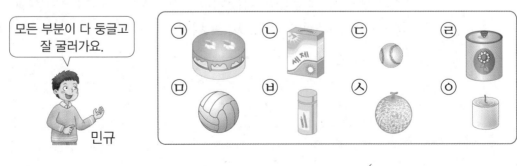

(　　　　　　)

명호는 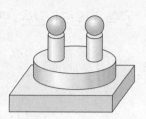 모양을 사용하여 오른쪽과 같은 모양을 만들었습니다. 가장 많이 사용한 모양을 찾아 ○표 하세요.

문제해결 Key

각 모양의 개수를 셀 때에는 빠뜨리지 않도록 ∨, ×, / 등의 표시를 하면서 세어 봅니다.

❶ 각 모양의 개수 세어 보기
❷ 가장 많이 사용한 모양 찾기

| 풀이 |

❶ 사용한 각 모양의 개수를 세어 보면

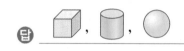 모양: ☐ 개, 모양: ☐ 개, 모양: ☐ 개

입니다.

❷ 가장 많이 사용한 모양은 (, ,) 모양입니다.

답 _____ , _____ , _____

3-1 은정이는 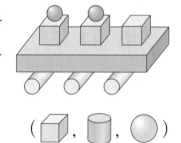 모양을 사용하여 오른쪽과 같은 모양을 만들었습니다. 가장 많이 사용한 모양을 찾아 ○표 하세요.

(, ,)

3-2 호민이는 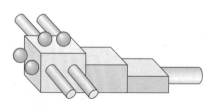 모양을 사용하여 오른쪽과 같은 모양을 만들었습니다. 많이 사용한 모양부터 차례대로 기호를 써 보세요.

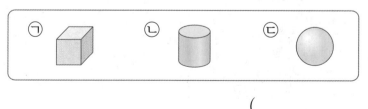

( )

유형 ❹ 규칙을 찾아 해결하는 문제

규칙에 따라 빈칸에 들어갈 모양을 찾아 ○표 하세요.

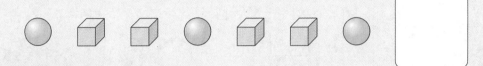

문제해결 Key

반복되는 규칙을 찾습니다.
❶ 규칙 찾기
❷ 빈칸에 들어갈 모양 찾기

| 풀이 |

❶ (◯▱, ◯▱▱) 모양이 반복되는 규칙입니다.

❷ 빈칸에 들어갈 모양은 (▱, 🥫, ◯) 모양입니다.

답

4-1 규칙에 따라 빈칸에 들어갈 모양을 찾아 ○표 하세요.

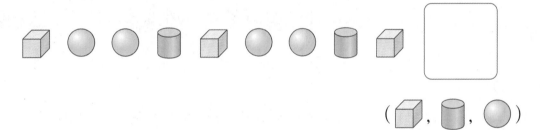

4-2 규칙에 따라 빈칸에 들어갈 모양을 찾아 기호를 써 보세요.

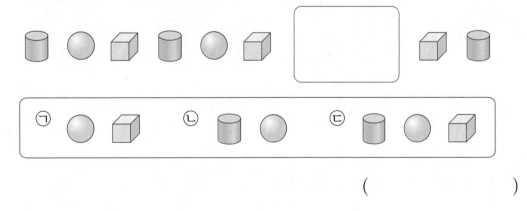

(   )

왼쪽 모양을 모두 사용하여 만든 모양을 찾아 기호를 써 보세요.

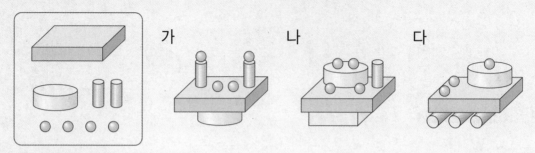

문제해결 Key

주어진 모양과 만든 모양을 비교해 봅니다.

❶ 왼쪽 모양의 개수 알아보기
❷ 가, 나, 다에서 각 모양의 개수 알아보기
❸ 만든 모양 찾기

| 풀이 |

❶ 왼쪽 모양은

⬜ 모양: ◻️개, 🟠 모양: ◻️개, ⚪ 모양: ◻️개

입니다.

❷ 가 — ⬜모양: ◻️개, 🟠모양: ◻️개, ⚪모양: ◻️개

나 — ⬜모양: ◻️개, 🟠모양: ◻️개, ⚪모양: ◻️개

다 — ⬜모양: ◻️개, 🟠모양: ◻️개, ⚪모양: ◻️개

❸ 왼쪽 모양을 모두 사용하여 만든 모양은 ◻️입니다.

답 _____

5-1 왼쪽 모양만 모두 사용하여 만든 모양을 찾아 기호를 써 보세요.

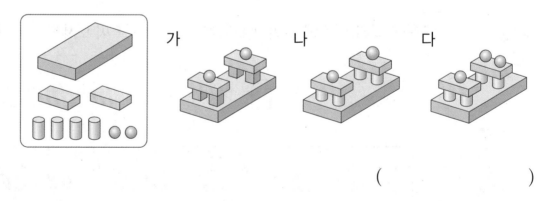

(   )

유형 ⑥ 설명하는 모양을 더 적게 사용한 모양을 찾는 문제

 , , ⬤ 모양 중에서 설명하는 모양을 더 적게 사용하여 만든 모양을 찾아 기호를 써 보세요.

어느 방향으로도 잘 굴러가지 않는 모양이에요.

가 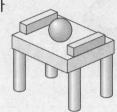   나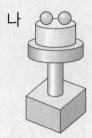

문제해결 Key

 : 잘 굴러가지 않습니다.

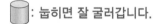 : 눕히면 잘 굴러갑니다.

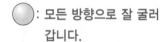 : 모든 방향으로 잘 굴러 갑니다.

❶ 설명하는 모양 알아보기
❷ ❶에서 찾은 모양의 개수 세어 보기
❸ ❶에서 찾은 모양을 더 적게 사용하여 만든 모양 찾기

| 풀이 |

❶ 어느 방향으로도 잘 굴러가지 않는 모양은

(⬛ , ⬛ , ⬤) 모양입니다.

❷ ❶에서 찾은 모양의 개수를 각각 세어 보면

가는 [　] 개, 나는 [　] 개입니다.

❸ ❶에서 찾은 모양을 더 적게 사용하여 만든 모양은

[　] 입니다.

답 _____

2
단원

6-1 , , ⬤ 모양 중에서 설명하는 모양을 더 적게 사용하여 만든 모양을 찾아 기호를 써 보세요.

잘 쌓을 수도 있고 잘 굴릴 수도 있는 모양이에요.

가   나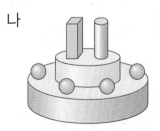

(　　　　　　　)

창의·융합 │ 유형 **7** 모양의 특징을 알아보는 문제

악기는 구조와 연주 방법에 따라*현악기, 관악기, 타악기 등으로 나뉩니다. 그중 탬버린, 북, 소고처럼 손이나 채로 두드리거나 흔들어 소리 내는 악기를 타악기라고 합니다. ⬜, 🛢️, 🔵 모양 중 다음 세 악기에서 모두 찾을 수 있는 모양의 특징을 한 가지 써 보세요.

| 탬버린 | 북 | 소고 |

*현악기: 줄로 소리를 내는 악기, 관악기: 입으로 불어 소리를 내는 악기

문제해결 Key

 모양 중 세 악기에서 모두 찾을 수 있는 모양을 알아봅니다.

❶ 세 악기에서 모두 찾을 수 있는 모양 알아보기
❷ ❶에서 찾은 모양의 특징 알아보기

│ 풀이 │

❶ 탬버린, 북, 소고에서 모두 찾을 수 있는 모양은 (⬜, 🛢️, 🔵) 모양입니다.

❷ ❶에서 찾은 모양은 평평한 부분과 둥근 부분이 있어서 쌓을 수 (있고, 없고), 굴릴 수 (있습니다, 없습니다).

특징 _____

_____

7-1 ⬜, 🛢️, 🔵 모양 중 다음 세 전자 제품에서 모두 찾을 수 있는 모양의 특징을 한 가지 써 보세요.

| 냉장고 | 전자레인지 | 세탁기 |

특징 _____

_____

[1~3] 다연, 유주, 혁재는 다음 물건들을 정리하려고 합니다. 각각의 방법으로 물건을 정리해 보세요.

오답 노트

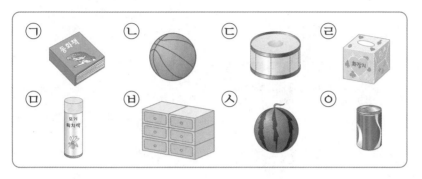

1 다연이는 모양이 같은 것끼리 정리하려고 합니다. 빈칸에 알맞은 기호를 써넣으세요.

2 유주는 평평한 부분이 있는 것과 평평한 부분이 없는 것으로 정리하려고 합니다. 빈칸에 알맞은 기호를 써넣으세요.

평평한 부분이 있는 것	평평한 부분이 없는 것

🎧 유형 ❷

3 혁재는 잘 굴러가는 것과 잘 굴러가지 않는 것으로 정리하려고 합니다. 빈칸에 알맞은 기호를 써넣으세요.

잘 굴러가는 것	잘 굴러가지 않는 것

🎧 유형 ❷

4 ⬛, ⬭, ⬤ 모양 중 가와 나 모양에서 모두 찾을 수 있는 모양을 찾아 ○표 하세요.

가　　　　　　　　나

(⬛ , ⬭ , ⬤)

ᑎ유형❶

창의·융합 **|해법 경시 유형|**

5 N서울타워는 남산에 세워진 전파탑 전망대로 서울을 상징하는 대표 건축물입니다. 도윤이는 다음과 같은 N서울타워 모양을 만들려고 했더니 ⬭ 모양 I개가 부족했습니다. 도윤이가 가지고 있는 ⬭ 모양은 몇 개일까요?

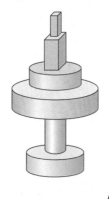

(　　　　　　　)

▲ N서울타워

6 오른쪽 모양에 대해 바르게 설명한 것을 모두 찾아 기호를 써 보세요.

> ㉠ 뾰족한 부분이 있습니다.
> ㉡ 평평한 부분이 있습니다.
> ㉢ 잘 쌓을 수 없습니다.
> ㉣ 눕히면 잘 굴러갑니다.

( )

유형 **7**

7 모양을 가장 많이 사용하여 만든 모양을 찾아 기호를 써 보세요.

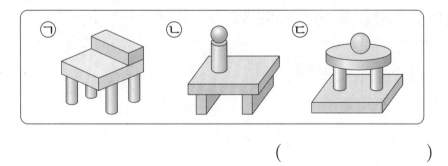

( )

유형 **3**

오답 노트

8 왼쪽 모양만 모두 사용하여 만든 모양을 찾아 선으로 이어 보세요.

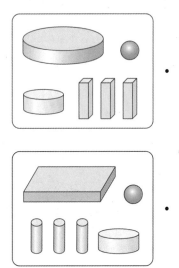

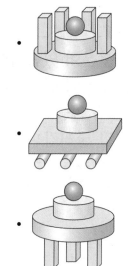

∩유형❺

9 규칙에 따라 ㉠에 들어갈 모양을 찾아 ○표 하세요.

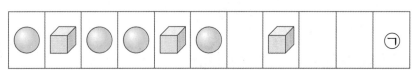

∩유형❹

|성대 경시 유형|

10 태민이와 승아 중에서 바르게 설명한 사람의 이름을 써 보세요.

가 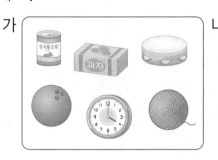 나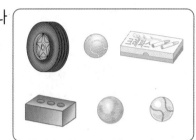

- 태민: ◯ 모양은 나보다 가에 더 많이 있어요.

- 승아: ⬚ 모양은 가보다 나에 더 많이 있어요.

( )

오답 노트

11 신주와 현수가 만든 모양입니다. 평평한 부분이 없는 모양을 더 많이 사용하여 모양을 만든 사람의 이름을 쓰고, 몇 개 더 많이 사용하였는지 구하세요.

신주 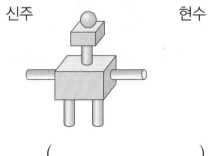 현수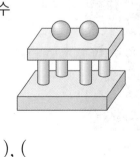

( ), ( )

Ω유형⑥

1 지우는 다음과 같이 자동차 모양을 만들었습니다. 자동차가 잘 굴러 가도록 하려면 어떻게 고쳐야 하는지 설명해 보세요.

자동차가 왜 잘 굴러가지 않지?

지우

설명 _____

_____

창의·융합 수학+통합

2 설치미술은 작품과 장소가 하나의 작품이 되는 미술을 말합니다. 다음은 설치미술품인 백남준의*다다익선이라는 작품입니다. 작품을 보고 잘못 설명한 학생의 이름을 써 보세요.

*다다익선: 많으면 많을수록 더욱 좋다는 뜻

▲ 백남준 〈다다익선〉

〈승아〉 이 작품에서 ⬛ 모양을 찾을 수 있어.

이 작품은 모든 부분이 둥근 모양으로만 만들었어. 〈태하〉

( )

|해법 경시 유형|

3 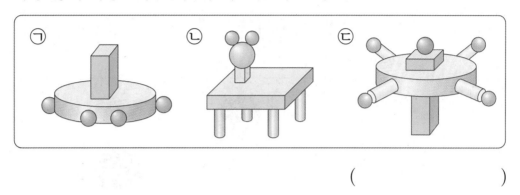 , , ◯ 모양 중에서 모든 부분이 둥글고 잘 굴러가는 모양을 가장 많이 사용한 것을 찾아 기호를 써 보세요.

(   )

|해법 경시 유형|

4 다음과 같은 규칙으로 탑을 쌓았습니다. 이 탑을 9층까지 쌓았을 때 사용한 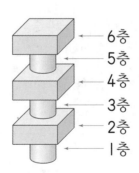 모양은 모두 몇 개일까요?

6층
5층
4층
3층
2층
1층

(   )

5 여러 가지 모양을 규칙적으로 늘어놓은 것입니다. 빈칸에 들어갈 모양과 같은 모양의 물건은 모두 몇 개일까요?

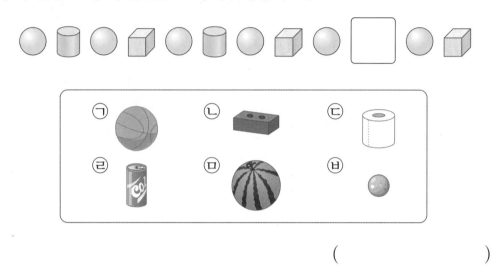

(　　　　　　)

|해법 경시 유형|

6 민규, 지우, 태하는 주사위, 풀, 구슬 중 서로 다른 물건을 가졌습니다. 다음을 읽고 지우가 가진 물건을 찾아 기호를 써 보세요.

(　　　　　　)

7 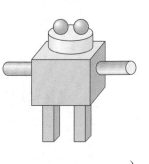 ▱, ▭, ◯ 모양을 사용하여 오른쪽과 같은 모양을 만들었더니 ▭ 모양이 Ⅰ개, ◯ 모양이 Ⅰ개 남았습니다. 만들기 전에 있던 모양 중 가장 많은 모양은 몇 개 있을까요?

(   )

8 ▱, ▭, ◯ 모양을 사용하여 다음과 같은 모양을 만들었습니다. 같은 모양에는 각각 서로 다른 색을 칠하려고 합니다. 색을 가장 적게 사용하여 모두 색칠한다면 몇 가지 색이 필요할까요?

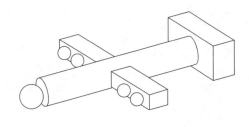

(   )

사용하지 않은 블록 찾기

1 규연이가 블록으로 만든 사람입니다. 규연이가 사용하지 <u>않은</u> 블록을 찾아 ×표 하세요.

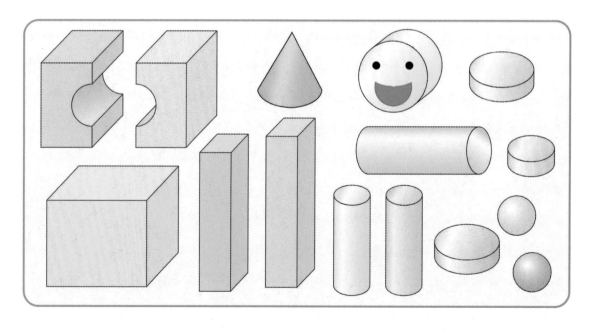

길 찾기

≫ 토끼가 규칙에 따라 길을 지나가면 어떤 동물들을 만날 수 있는지 길을 따라 선을 그어 보세요.

- ⬛ ⇨ ⬭ ⇨ ⚫ ⇨ ⬛ ⇨ ⬭ ⇨ ⚫의 규칙에 따라 길을 지나갑니다.
- 한 번 지나간 길을 다시 지나가면 안 됩니다.
- 가로 또는 세로 방향으로만 지나가야 합니다.

예

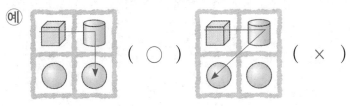

②

③

3

덧셈과 뺄셈

꼭 알아야 할 **대표 유형**

1 모으기

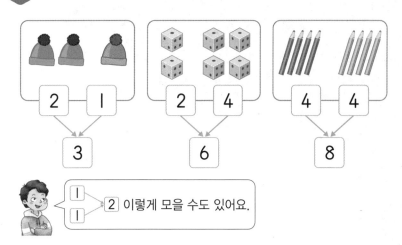

2 가르기

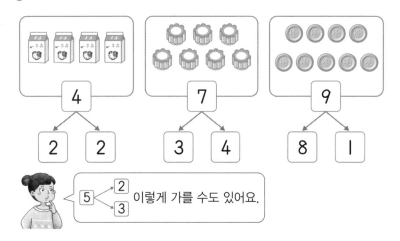

참고 2부터 9까지의 수 모으기와 가르기
수가 커질수록 모으고 가르는 방법이 많습니다.

2	3	4	5	6	7	8	9
							0, 9
						0, 8	1, 8
					0, 7	1, 7	2, 7
				0, 6	1, 6	2, 6	3, 6
			0, 5	1, 5	2, 5	3, 5	4, 5
		0, 4	1, 4	2, 4	3, 4	4, 4	5, 4
	0, 3	1, 3	2, 3	3, 3	4, 3	5, 3	6, 3
0, 2	1, 2	2, 2	3, 2	4, 2	5, 2	6, 2	7, 2
1, 1	2, 1	3, 1	4, 1	5, 1	6, 1	7, 1	8, 1
2, 0	3, 0	4, 0	5, 0	6, 0	7, 0	8, 0	9, 0

활용 개념

㉠ 구하기

가르기 한 두 수를 모으면 ㉠이 됩니다. ⇨ ㉠=4

참고
0을 사용한 모으기와 가르기

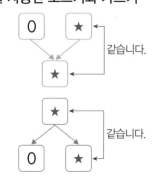

⇨ 0을 사용한 모으기와 가르기는 0을 더하거나 빼는 데 기초가 됩니다.

1 모으기를 하여 빈칸에 알맞은 수를 써넣으세요.

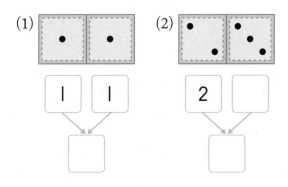

2 가르기를 하여 빈칸에 알맞은 수만큼 ○를 그려 보세요.

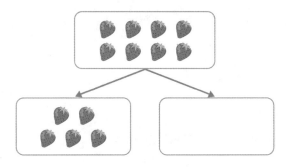

3 구슬을 모아서 **7**개가 되도록 선으로 이어 보세요.

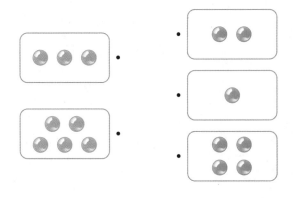

활용 개념

4 **9**를 두 수로 가르기 한 것입니다. 잘못 가르기 한 것을 찾아 ×표 하세요.

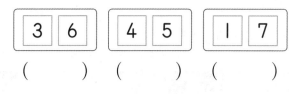

(   )   (   )   (   )

5 빵 **6**개를 두 접시에 나누어 담으려고 합니다. ○를 그려 **2**가지 방법으로 나타내 보세요.

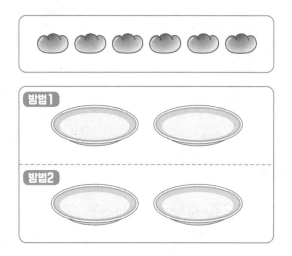

6 해솔이와 동생은 색종이 **5**장을 나누어 가지려고 합니다. 해솔이가 **4**장을 가지면 동생은 몇 장을 가져야 할까요?

(   )

1 덧셈 알아보기

• 3+2 알아보기

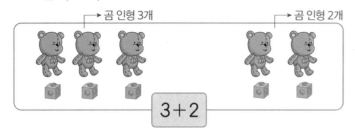

→ 곰 인형 3개   → 곰 인형 2개

3+2

(쓰기) 3+2=5 ← 연결 모형을 곰 인형의 수만큼 놓고 세어 보면 5예요.

(읽기) 3 더하기 2는 5와 같습니다.
3과 2의 합은 5입니다.

덧셈 기호는 '+'이고~

같다를 나타내는 기호는 '='예요.

활용 개념

두 수를 바꾸어 더해도 그 합은 같습니다.

(예)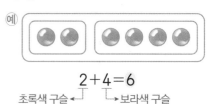

2+4=6
초록색 구슬 ┘   └ 보라색 구슬

(예)

4+2=6
보라색 구슬 ┘   └ 초록색 구슬

---

2 덧셈하기

• 5+2의 계산 — ○표 하여 구하기

⇨ 5+2=7

파란색과 주황색 컵의 수만큼 ○표 한 수를 세어 보면 7이에요.

• 4+5의 계산 — 모으기를 하여 구하기

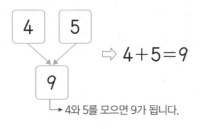

⇨ 4+5=9

4와 5를 모으면 9가 됩니다.

미리보기 1-2

세 수의 덧셈

두 수씩 차례대로 계산합니다.

(예)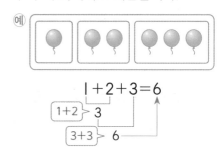

1+2+3=6
1+2 〉 3
3+3 〉 6

---

1 그림에 알맞은 덧셈식을 쓰고 읽어 보세요.

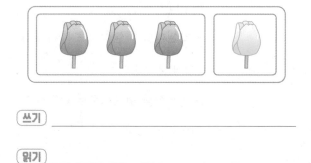

쓰기 _____

읽기 _____

2 바르게 계산한 것에 ◯표 하세요.

$$3+3=6$$

$$4+2=8$$

(   )   (   )

3 빈칸에 알맞은 수를 써넣으세요.

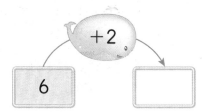

활용 개념

4 계산 결과가 <u>다른</u> 하나를 찾아 기호를 써 보세요.

㉠ 4+3   ㉡ 6+3
㉢ 3+6   ㉣ 1+8

(   )

5 가장 큰 수와 가장 작은 수의 합을 구하세요.

4   3   5

(   )

6 주차장에 차가 7대 주차되어 있었는데 2대가 더 들어왔습니다. 주차장에 있는 차는 모두 몇 대일까요?

(   )

3
단원

1 뺄셈 알아보기

• 6 − 2 알아보기

쓰기 6 − 2 = 4 읽기 6 빼기 2는 4와 같습니다.
6과 2의 차는 4입니다.

2 뺄셈하기

• 5 − 3의 계산 — / 표 하여 구하기

 ⇨ 5 − 3 = 2

• 7 − 4의 계산 — 짝지어 구하기

 ⇨ 7 − 4 = 3

• 8 − 5의 계산 — 가르기를 하여 구하기

8은 5와 3으로 가를 수 있습니다.
⇨ 8 − 5 = 3

3 0이 있는 덧셈과 뺄셈

→아무것도 없으므로 0이라고 합니다.

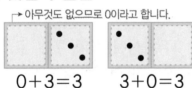

0 + 3 = 3 3 + 0 = 3
⇨ 0 + (어떤 수) = (어떤 수), (어떤 수) + 0 = (어떤 수)

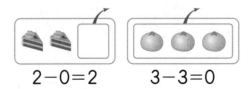

2 − 0 = 2 3 − 3 = 0
⇨ (어떤 수) − 0 = (어떤 수), (전체) − (전체) = 0

미리보기 2−1

• 덧셈식을 뺄셈식으로 나타내기

$1 + 2 = 3$ ⟨ $3 − 1 = 2$
$3 − 2 = 1$

• 뺄셈식을 덧셈식으로 나타내기

$3 − 1 = 2$ ⟨ $1 + 2 = 3$
$2 + 1 = 3$

활용 개념

• 덧셈식에서 ☐ 구하기

? + 🍬 = 🍬🍬🍬🍬🍬

☐ + 2 = 5

방법1 모으기를 이용하여 구하기
2와 모아서 5가 되는 수는
3이므로 ☐ = 3입니다.

방법2 덧셈을 뺄셈으로 바꾸어 구
하기
☐ + 2 = 5
⇨ 5 − 2 = ☐, ☐ = 3

• 뺄셈식에서 ☐ 구하기

? − ⚾ = ⚾⚾⚾⚾

☐ − 1 = 4

방법1 가르기를 이용하여 구하기
1과 4로 가를 수 있는 수
는 5이므로 ☐ = 5입니다.

방법2 뺄셈을 덧셈으로 바꾸어 구
하기
☐ − 1 = 4
⇨ 4 + 1 = ☐, ☐ = 5

1 그림에 알맞은 뺄셈식을 쓰고 읽어 보세요.

쓰기 _____

읽기 _____

2 빈칸에 알맞은 수를 써넣고 뺄셈식을 써 보세요.

(1)

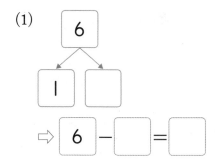

⇨ 6 − ☐ = ☐

(2)

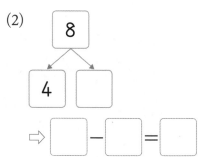

⇨ ☐ − ☐ = ☐

활용 개념

3 ☐ 안에 알맞은 수를 써넣으세요.

☐ −3=6

4 계산 결과가 가장 큰 것을 찾아 ○표 하세요.

| 0+5 | 8−8 | 3−0 |

( ) ( ) ( )

5 3장의 수 카드를 사용하여 덧셈식과 뺄셈식을 만들어 보세요.

4 7 3

덧셈식 ☐ + ☐ = ☐

뺄셈식 ☐ − ☐ = ☐

6 ⬭ 모양은 ⬤ 모양보다 몇 개 더 많을까요?

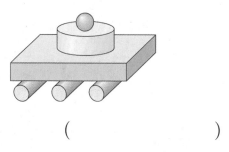

( )

STEP 2 Jump 실전 유형

유형 1 빈칸에 알맞은 수를 구하는 문제

㉠에 알맞은 수를 구하세요.

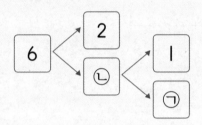

문제해결 Key

❶ ㉡ 구하기
❷ ㉠ 구하기

| 풀이 |

❶ 6은 2와 ☐ (으)로 가를 수 있으므로 ㉡= ☐ 입니다.

❷ 4는 1과 ☐ (으)로 가를 수 있으므로 ㉠= ☐ 입니다.

답 _____

1-1 ㉠에 알맞은 수를 구하세요.

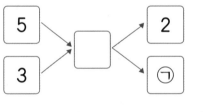

(   )

1-2 ㉠에 알맞은 수를 구하세요.

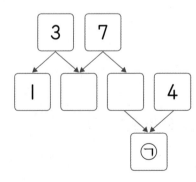

(   )

유형 ② 덧셈식 또는 뺄셈식을 만드는 문제

4장의 수 카드 중에서 2장을 골라 합이 가장 큰 덧셈식을 만들어 보세요.

5   3   2   4

문제해결 Key

(합이 가장 큰 덧셈식)
=(가장 큰 수)+(둘째로 큰 수)

❶ 수 카드의 수 중 가장 큰 수와 둘째로 큰 수 찾기
❷ 합이 가장 큰 덧셈식 만들기

| 풀이 |

❶ 합이 가장 크려면 가장 큰 수와 둘째로 큰 수를 더해야 합니다.

수 카드의 수 중 가장 큰 수는 ☐ 이고 둘째로 큰 수는 ☐ 입니다.

❷ 합이 가장 큰 덧셈식은 ☐ + ☐ = ☐ 입니다.

덧셈식 _____

2-1 4장의 수 카드 중에서 2장을 골라 차가 가장 큰 뺄셈식을 만들려고 합니다. ☐ 안에 알맞은 수를 써넣으세요.

6   8   2   1

☐ − ☐ = ☐

2-2 5장의 수 카드 중에서 4장을 골라 한 번씩 사용하여 차가 3인 뺄셈식을 2개 만들려고 합니다. ☐ 안에 알맞은 수를 써넣으세요.

1   3   4   5   8

☐ − ☐ = 3, ☐ − ☐ = 3

성수와 동생은 풍선 5개를 나누어 가지려고 합니다. 나누어 가지는 방법은 모두 몇 가지일까요? (단, 성수와 동생은 풍선을 적어도 한 개씩은 가집니다.)

문제해결 Key

5를 가르는 방법을 모두 알아봅니다.

❶ 5를 두 수로 가르기
❷ 나누어 가지는 방법의 수 구하기

| 풀이 |

❶ 성수와 동생이 나누어 가지는 방법을 알아봅니다.

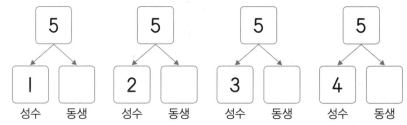

❷ 성수와 동생이 나누어 가지는 방법은 모두 [ ]가지입니다.

답 _____

3-1 승민이와 선영이는 지우개 7개를 나누어 가지려고 합니다. 나누어 가지는 방법은 모두 몇 가지일까요? (단, 승민이와 선영이는 지우개를 적어도 한 개씩은 가집니다.)

(   )

3-2 형과 동생이 과자 6개를 나누어 가지려고 합니다. 형이 동생보다 과자를 더 많이 가질 수 있는 방법은 모두 몇 가지일까요? (단, 형과 동생은 과자를 적어도 한 개씩은 가집니다.)

(   )

유형 ④ 덧셈을 활용한 문제

다음을 읽고 민규와 지우가 가지고 있는 구슬은 모두 몇 개인지 구하세요.

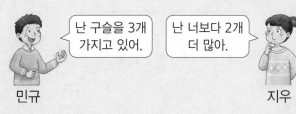

민규

지우

문제해결 Key

■보다 ▲만큼 더 큰 수
⇨ ■+▲

❶ 지우가 가지고 있는 구슬 수 구하기
❷ 두 사람이 가지고 있는 구슬 수의 합 구하기

| 풀이 |

❶ 지우는 민규보다 구슬이 2개 더 많으므로 가지고 있는 구슬은

3+ ☐ = ☐ (개)입니다.

❷ 민규와 지우가 가지고 있는 구슬은 모두

☐ + ☐ = ☐ (개)입니다.

🅐 _____

3
단원

4-1 승수네 모둠은 여학생이 2명이고 남학생은 여학생보다 1명 더 많습니다. 승수네 모둠 학생은 모두 몇 명일까요?

(   )

4-2 호영이와 진우가 수 카드 놀이를 합니다. 수 카드를 각각 2장씩 골라 두 수의 합이 더 큰 사람이 놀이에서 이긴다고 합니다. 호영이와 진우가 고른 수 카드가 다음과 같을 때, 놀이에서 이긴 사람은 누구일까요?

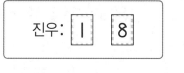

호영: 3 4   진우: 1 8

(   )

유형 ⑤ 알맞은 수를 구하는 문제

같은 모양은 같은 수를 나타냅니다. ▲에 알맞은 수를 구하세요.

$$2+3=●, ●+▲=7$$

문제해결 Key

먼저 ●를 구합니다.

❶ ● 구하기
❷ ▲ 구하기

| 풀이 |

❶ $2+3=$ ▢ 이므로 ● $=$ ▢ 입니다.

❷ ▢ $+▲=7$에서 5와 더해서 7이 되는 수는 ▢ 이므로

▲ $=$ ▢ 입니다.

답 _____

5-1 같은 모양은 같은 수를 나타냅니다. ★에 알맞은 수를 구하세요.

$$9-2=■, ■-★=4$$

(   )

5-2 같은 모양은 같은 수를 나타냅니다. ■가 3일 때 ♥는 얼마일까요?

$$■+■=▲, ▲+■=◉, ◉-1=♥$$

(   )

5-3 같은 모양은 같은 수를 나타냅니다. ♥에 알맞은 수를 구하세요.

$$4+◆=9, ◆-♥=4$$

(   )

유형 ❻ 똑같이 가르는 문제

그림과 같이 귤이 가 접시에 7개, 나 접시에 3개 놓여 있습니다. 두 접시에 놓인 귤의 수가 같아지려면 가 접시에서 나 접시로 귤을 몇 개 옮겨야 할까요?

가 　　나

문제해결 Key

똑같은 두 수로 가를 수 있는 수

```
  2     4     6     8
 / \   / \   / \   / \
1   1 2   2 3   3 4   4
```

❶ 두 접시에 놓인 귤의 수의 차 구하기
❷ 옮겨야 하는 귤의 수 구하기

| 풀이 |

❶ 가 접시에 있는 귤이 나 접시에 있는 귤보다 7−3=☐(개) 더 많습니다.

❷ 4는 똑같은 두 수 2와 ☐(으)로 가를 수 있으므로 귤의 수가 같아지려면 가 접시에서 나 접시로 귤을 ☐개 옮겨야 합니다.

답 _____

3
단원

6-1 그림과 같이 금붕어가 가 어항에 9마리, 나 어항에 1마리 있습니다. 두 어항에 있는 금붕어의 수가 같아지려면 가 어항에서 나 어항으로 금붕어를 몇 마리 옮겨야 할까요?

가 　　나

(　　　　　　　　　)

6-2 공깃돌을 성연이는 8개, 주미는 2개 가지고 있습니다. 두 사람의 공깃돌의 수가 같아지려면 성연이는 주미에게 공깃돌을 몇 개 주어야 할까요?

(　　　　　　　　　)

창의·융합 유형 **7** 뺄셈을 활용한 문제

계이름은 각 음에 주어진 이름으로 전 세계에서 공통적으로 사용하는 계이름은 도, 레, 미, 파, 솔, 라, 시입니다. 다음은 '빙빙 돌아라' 노래의 일부분입니다. 계이름 '도'는 '레'보다 몇 번 더 나올까요?

빙빙 돌아라

계이름—라 라 라 시 도 도 도 라 솔 솔 솔 미 솔 라 라 라 시 도 도 도 도 도 레 미 미 미 레 미
손 을 잡 고 왼 쪽 으 로 빙 빙 돌 아 라 손 을 잡 고 오 른 쪽 으 로 빙 빙 돌 아 라

문제해결 Key

'도'와 '레'를 빠뜨리거나 여러 번 세지 않도록 주의합니다.

❶ '도'와 '레'가 나오는 횟수 알아보기

❷ 나오는 횟수의 차 구하기

| 풀이 |

❶ 계이름 '도'는 ▢ 번, '레'는 ▢ 번 나옵니다.

❷ 계이름 '도'는 '레'보다 ▢ − ▢ = ▢ (번) 더 나옵니다.

답 _____

7-1 다음은 '주먹 쥐고 손을 펴서' 노래의 일부분입니다. 계이름 '레'는 '솔'보다 몇 번 더 나올까요?

주먹 쥐고 손을 펴서

미 미 레 도 도 레 레 미 레 도 솔 솔 파 미 미 레 도 레 미 도
주 먹 – 쥐 고 손 을 펴 – 서 손 뼉 – 치 고 주 – 먹 쥐 고

(   )

7-2 코스모스, 무궁화, 백합 중 꽃잎이 가장 많은 꽃은 가장 적은 꽃보다 몇 장 더 많을까요?

▲ 코스모스   ▲ 무궁화   ▲ 백합

(   )

1 모으기를 하여 모은 점의 수가 가장 큰 것을 찾아 기호를 써 보세요.

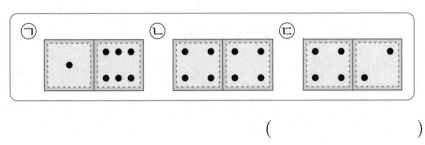

(   )

2 빈칸에 알맞은 수를 써넣으세요.

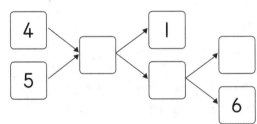

유형❶

3 보기 와 같이 계산이 맞도록 필요 <u>없는</u> 수에 ×표 하세요.

보기
$2+\cancel{4}+1=3$ $6+3+2=9$

4 다음과 같이 주어진 식에 알맞은 이야기를 만들어 보세요.

> 3+2=5
>
> 파란 색연필이 3자루, 빨간 색연필이 2자루 있습니다.
> 색연필은 모두 5자루입니다.

> 8-2=6
>

──────────────

창의·융합 수학+통합

5 석탑은 돌로 만든*탑으로 다음은 우리나라의 석탑입니다. 층수가 가장 많은 석탑은 가장 적은 석탑보다 몇 층 더 많을까요?

▲ 탑평리 7층 석탑

▲ 정림사지 5층 석탑

▲ 운주사 9층 석탑

(   )

*탑은 각 나라의 자연환경에 따라 종류가 다양합니다. 우리나라는 돌로 만든 석탑, 중국은 벽돌로 만든 전탑, 일본은 나무로 만든 목탑이 많습니다.

∩유형❼

6 덧셈식과 뺄셈식을 만들어 보세요.

5+1=6처럼 합이 6인 서로 다른 덧셈식을 2개 만들어 보세요.

5-1=4처럼 차가 4인 서로 다른 뺄셈식을 2개 만들어 보세요.

🎧유형②

7 모으기를 하여 8이 되도록 이웃한 두 수를 모두 묶어 보세요.

1	4	3	6
7	5	6	4
4	4	3	7
7	1	6	2

8 계산 결과가 0이 되는 칸을 모두 색칠하면 어떤 글자가 될까요?

3-3	1+0	0+2
0+0	7-7	2-2
5-0	1-1	4+0
0-0	5-5	9-9

(   )

9 감자가 8개 있습니다. 선재와 선율이가 감자를 나누어 가지는 방법은 모두 몇 가지일까요? (단, 선재와 선율이는 감자를 적어도 한 개씩은 가집니다.)

(   )

Ω유형❸

|성대 경시 유형|
10 현수가 가지고 있던 색종이의 반을 다현이에게 주었더니 2장이 남았습니다. 현수가 처음에 가지고 있던 색종이는 몇 장일까요?

(   )

11 같은 모양은 같은 수를 나타냅니다. ▲와 ●에 알맞은 수를 각각 구하세요.

$$▲ + ● = 8, \quad ▲ - ● = 2$$

▲ (   ), ● (   )

Ω유형❺

12 가위바위보에서 이긴 학생들의 펼친 손가락은 모두 몇 개일까요?

( )

∩ 유형 ❹

| 성대 경시 유형 |

13 ㉠, ㉡, ㉢, ㉣에 알맞은 수 중에서 세 개가 같고 하나는 다릅니다. 다른 수를 구하세요.

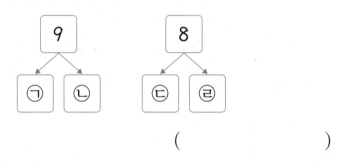

( )

14 놀이터에 7명의 어린이들이 있습니다. 그중 남자 어린이 3명이 집으로 돌아가서 놀이터에 남은 남자 어린이와 여자 어린이의 수가 같아졌습니다. 놀이터에 남은 여자 어린이는 몇 명일까요?

( )

∩ 유형 ❻

오답 노트

3
단원

창의·융합
수학+통합

1 데칼코마니는 종이의 반쪽에 물감으로 그린 후 종이를 반으로 접었다가 펴서 양쪽에 똑같은 무늬를 만드는 미술 기법입니다. 그림과 같이 종이의 반쪽에 물감으로 그려 데칼코마니를 완성하였을 때 ○ 모양은 △ 모양보다 몇 개 더 많을까요?

(   )

2 8장의 수 카드 중에서 2장을 골라 두 수의 차가 4인 뺄셈식을 만들려고 합니다. 만들 수 있는 뺄셈식은 모두 몇 개일까요?

[1] [2] [3] [4] [5] [6] [7] [8]

(   )

|해법 경시 유형|

3 준서와 은지가 구슬 5개를 나누어 가지려고 합니다. 준서가 은지보다 1개 더 많이 가지려면 준서는 구슬을 몇 개 가져야 할까요?
(단, 준서와 은지는 구슬을 적어도 한 개씩은 가집니다.)

(   )

4 ㉠에 알맞은 수를 구하세요.

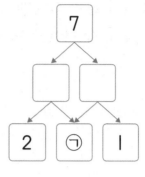

(   )

5 □ 안에 알맞은 수가 가장 큰 것을 찾아 기호를 써 보세요.

㉠ 3+2=□

㉡ 7−□=3

㉢ 0+□=6

(   )

|성대 경시 유형|

6 동규와 서희가 사탕 6개를 나누어 가졌습니다. 동규가 나누어 가진 사탕 중 2개를 서희에게 주었더니 두 사람이 가진 사탕 수가 같아졌습니다. 동규가 처음에 나누어 가진 사탕은 몇 개일까요?

(   )

7 어떤 수에 2를 더했더니 6이 되었습니다. 어떤 수에서 4를 빼면 얼마인지 구하세요.

(   )

8 유하와 승아가 2개의 주사위를 각각 한 번씩 던졌습니다. 유하와 승아가 던진 두 주사위의 눈의 수의 합이 같을 때 빈칸에 주사위의 눈을 그려 보세요.

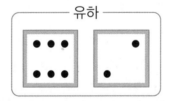
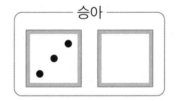

│성대 경시 유형│

9 형과 동생이 공책 5권과 연필 7자루를 나누어 가지려고 합니다. 공책은 형이 더 많이 가지고, 연필은 동생이 더 많이 가지려고 합니다. 형이 가진 공책과 연필의 수가 같을 때 형이 가진 공책은 몇 권일까요? (단, 두 사람 모두 공책과 연필을 적어도 하나씩은 가집니다.)

(   )

3 단원

│해법 경시 유형│

10 ㉠, ㉡, ㉢, ㉣은 1, 2, 3, 4 중 서로 다른 하나의 수를 나타냅니다. ㉠, ㉡, ㉢, ㉣에 알맞은 수를 각각 구하세요.

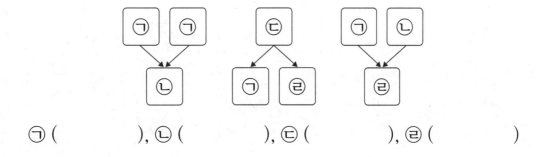

㉠ (   ), ㉡ (   ), ㉢ (   ), ㉣ (   )

사다리타기

1 민호와 친구들이 사다리를 타면서 지나가는 길에 놓인대로 수들을 계산하려고 합니다. 다음 규칙에 따라 해 보세요.

> **규칙**
>
> ① 출발점에서 아래로 내려가다 만나는 다리는 반드시 건너야 합니다.
> ② 한 번 온 길로는 되돌아갈 수 없습니다.
> ③ 수 카드의 수와 지나가는 길에 있는 덧셈과 뺄셈을 차례대로 모두 식을 세우고 계산합니다.
> ④ ◯에는 도착한 사람의 이름을 쓰고, ▭에는 계산한 결과를 씁니다.

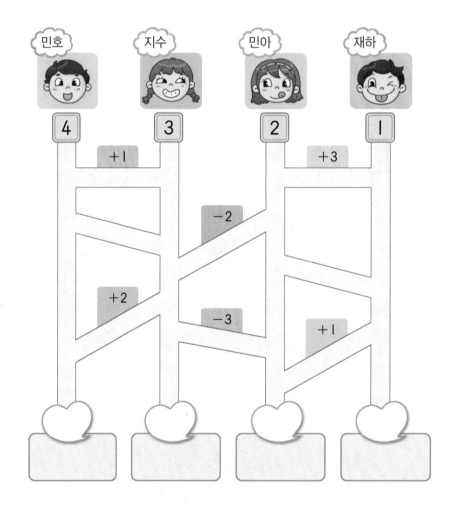

2 두더지가 땅 속에 창고를 만들어 고구마를 모아 두려고 합니다. 다음 방법에 따라 움직인다면 몇 번 길로 들어가야 고구마를 가장 많이 모을 수 있을까요? (단, 고구마에 적힌 숫자는 고구마의 개수입니다.)

> **방법**
> ① 땅 위에서 출발하여 땅 속 창고가 나올 때까지 아래로 움직입니다.
> ② 아래로 내려가다 만나는 두 갈래 길에서는 반드시 꺾어서 움직여야 합니다.
> ③ 창고에 갈 때까지 발견한 고구마는 모두 모아 갑니다.

(   )

4

비교하기

꼭 알아야 할 **대표 유형**

① 길이 비교하기

• 두 물건의 길이 비교

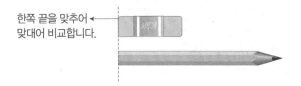

한쪽 끝을 맞추어
맞대어 비교합니다.

⇨ 연필은 지우개보다 더 깁니다.
지우개는 연필보다 더 짧습니다.

• 세 물건의 길이 비교

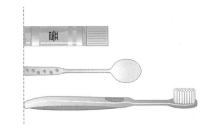

⇨ 칫솔이 가장 깁니다.
풀이 가장 짧습니다.

참고

• 키 비교하기

발끝이 맞추어져
있으므로 머리
끝을 비교합니다.

더 크다   더 작다

• 높이 비교하기

아래쪽 끝이 맞추어져
있으므로 위쪽 끝을
비교합니다.

더 높다   더 낮다

② 무게 비교하기

• 두 물건의 무게 비교

⇨ 멜론은 사과보다 더 무겁습니다.
사과는 멜론보다 더 가볍습니다.

손으로 들어 보았을 때 힘이 더 들어가는 물건이
더 무겁습니다.

• 세 물건의 무게 비교

⇨ 농구공이 가장 무겁습니다.
풍선이 가장 가볍습니다.

활용 개념 ①

구부러진 선의 길이 비교하기
양쪽 끝이 맞추어져 있을 때 많이 구
부러져 있을수록 깁니다.

⇨ ㉠ 선이 ㉡ 선보다 더 깁니다.
㉡ 선이 ㉠ 선보다 더 짧습니다.

활용 개념 ②

기구를 이용한 무게 비교하기
양팔 저울이나 시소는 아래로 내려
간 쪽이 더 무겁습니다.
① 양팔 저울을 이용한 무게 비교

⇨ 참외가 딸기보다 더 무겁습니다.
딸기가 참외보다 더 가볍습니다.

② 시소를 이용한 무게 비교

진우   민규

⇨ 민규가 진우보다 더 무겁습니다.
진우가 민규보다 더 가볍습니다.

활용 개념 ❷

1 수지와 재한이 중에서 더 가벼운 사람은 누구인지 이름을 써 보세요.

수지   재한

(   )

2 그림을 보고 ☐ 안에 알맞은 말을 써넣으세요.

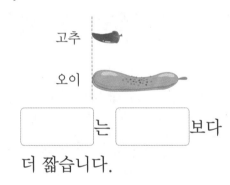

고추

오이

☐ 는 ☐ 보다

더 짧습니다.

활용 개념 ❶

3 보기 의 선보다 더 긴 것에 ◯표 하세요.

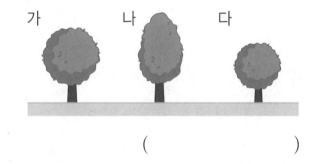

(   )

(   )

4 똑같은 병에 쇠구슬, 종이학을 가득 담았습니다. 쇠구슬, 종이학 중에서 어느 것을 담은 병이 더 무거울까요?

쇠구슬   종이학

(   )

5 높이가 가장 낮은 나무는 어느 것인지 기호를 써 보세요.

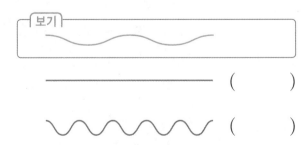

가   나   다

(   )

6 가장 무거운 것과 가장 가벼운 것을 찾아 차례대로 기호를 써 보세요.

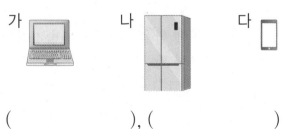

가   나   다

(   ), (   )

1 넓이 비교하기

- 두 종이의 넓이 비교

두 종이를 겹쳐 맞대었을 때 남는 쪽의 넓이가 더 넓습니다.

 → 가 나

⇨ 가는 나보다 더 좁습니다.
나는 가보다 더 넓습니다.

- 세 종이의 넓이 비교

 → 가 나 다

⇨ 가가 가장 좁습니다.
다가 가장 넓습니다.

2 담을 수 있는 양 비교하기

- 두 그릇에 담을 수 있는 양 비교

그릇의 크기가 작을수록 담을 수 있는 양이 적습니다.

⇨ 컵은 주전자보다 담을 수 있는 양이 더 적습니다.
주전자는 컵보다 담을 수 있는 양이 더 많습니다.

- 세 그릇에 담을 수 있는 양 비교

가 나 다

⇨ 가 그릇에 담을 수 있는 양이 가장 적습니다.
다 그릇에 담을 수 있는 양이 가장 많습니다.

활용 개념

똑같은 한 칸의 크기로 넓이 비교하기
한 칸의 크기가 같으면 칸 수가 많을수록 넓습니다.

가 나

⇨ 가는 4칸이고 나는 3칸이므로 가가 나보다 더 넓습니다.

참고

모양과 크기가 같은 그릇에 담긴 양 비교

- 두 컵에 담긴 양 비교

많이 담겨 있을수록 높이가 높습니다.

가 나

⇨ 가 컵에 담긴 양이 더 적습니다.
나 컵에 담긴 양이 더 많습니다.

- 세 병에 담긴 양 비교

가 나 다

⇨ 가 병에 담긴 양이 가장 적습니다.
다 병에 담긴 양이 가장 많습니다.

미리보기 **3-2**

가득 담은 물을 똑같은 그릇에 옮겨 담아 비교하기

⇨ 냄비가 물통보다 더 많이 담을 수 있습니다.

1 더 많이 담을 수 있는 것의 기호를 써 보세요.

가   나

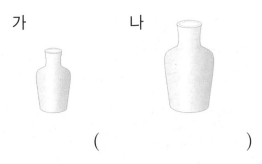

(   )

2 관계있는 것끼리 선으로 이어 보세요.

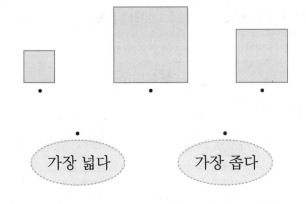

가장 넓다   가장 좁다

3 담긴 양이 가장 많은 것에 ◯표 하세요.

(   ) (   ) (   )

4 가장 넓은 것은 빨간색으로, 가장 좁은 것은 파란색으로 색칠해 보세요.

활용 개념

5 작은 한 칸의 크기가 모두 같을 때, ㉮와 ㉯ 중 더 넓은 것은 어느 것일까요?

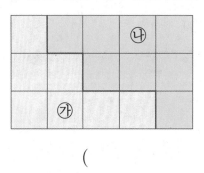

(   )

6 담을 수 있는 양이 적은 것부터 차례대로 기호를 써 보세요.

(   )

STEP 2 Jump 실전 유형

유형 1 높이를 비교하는 문제

그림에서 가장 높은 곳에 있는 사람은 누구인지 이름을 써 보세요.

해영　　수현　　지우

문제해결 Key

위쪽에 있을수록 높습니다.

❶ 가장 위쪽에 있는 사람 찾기
❷ 가장 높은 곳에 있는 사람 찾기

| 풀이 |

❶ 위쪽에 있을수록 높으므로 위쪽에 있는 사람부터 이름을 차례대로 쓰면 ☐ , ☐ , ☐ 입니다.

❷ 가장 높은 곳에 있는 사람은 ☐ 입니다.

답 _____

1-1 가장 낮은 곳에 있는 풍선의 색깔을 써 보세요.

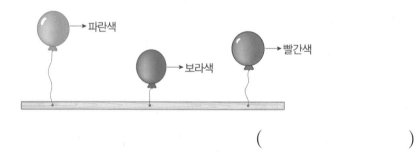

(　　　　　　　)

1-2 오른쪽 건물에 옷 가게와 장난감 가게, 신발 가게가 있습니다. 장난감 가게는 신발 가게보다 한 층 더 높은 곳에 있습니다. 세 가게 중 가장 높은 층에 있는 가게는 어떤 가게인지 써 보세요.

(　　　　　　　)

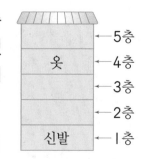

유형 2 물건을 매달아 무게를 비교하는 문제

나무에 지우개, 가위, 연필을 똑같은 고무줄에 묶어 매달았습니다. 가장 가벼운 물건을 찾아 써 보세요.

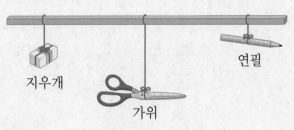

지우개 가위 연필

문제해결 Key

늘어난 고무줄의 길이가 짧을수록 물건이 가볍습니다.

❶ 물건의 무게와 늘어난 고무줄의 길이 사이의 관계 알기
❷ 가장 가벼운 물건 찾기

| 풀이 |

❶ 늘어난 고무줄의 길이가 짧을수록 물건의 무게가 (무겁습니다, 가볍습니다).

_{알맞은 말에 ○표 하세요.}

❷ 늘어난 고무줄의 길이가 짧은 것부터 차례대로 쓰면

[　　　], 지우개, [　　　]이므로 가장 가벼운 물건은

[　　　]입니다.

답 _____

2-1 나무에 나무토막, 음료수 캔, 치약을 똑같은 고무줄에 묶어 매달았습니다. 가장 무거운 물건을 찾아 써 보세요.

나무토막 음료수 캔 치약

(　　　　　　　　)

2-2 나무에 파란색, 초록색, 보라색, 빨간색 구슬을 똑같은 용수철에 묶어 매달았습니다. 가장 무거운 구슬과 가장 가벼운 구슬을 찾아 차례대로 써 보세요.

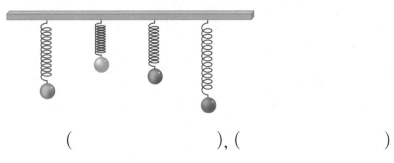

(　　　　　　　), (　　　　　　　)

가장 긴 끈과 가장 짧은 끈을 찾아 기호를 써 보세요.

가
나
다

문제해결 Key

양쪽 끝이 맞추어져 있을 때 끈이 많이 구부러져 있을수록 깁니다.

❶ 양쪽 끝이 맞추어져 있는 끈의 길이 비교하기
❷ 가장 긴 끈과 가장 짧은 끈 찾기

| 풀이 |

❶ 가, 나, 다는 양쪽 끝이 맞추어져 있으므로 끈이 많이 구부러져 있을수록 (깁니다, 짧습니다).

알맞은 말에 ○표 하세요.

❷ 긴 끈부터 차례대로 기호를 쓰면 ☐, ☐, ☐ 이므로

가장 긴 끈은 ☐ 이고, 가장 짧은 끈은 ☐ 입니다.

❸ 가장 긴 끈: ☐ , 가장 짧은 끈: ☐

3-1 가장 긴 끈을 찾아 기호를 써 보세요.

㉠
㉡
㉢

(   )

3-2 짧은 끈부터 차례대로 기호를 써 보세요.

㉠
㉡
㉢
㉣

(   )

유형 ④ 한 칸의 크기를 이용하여 넓이를 비교하는 문제

작은 한 칸의 크기가 모두 같을 때 ㉠, ㉡, ㉢ 중 가장 넓은 것을 찾아 기호를 써 보세요.

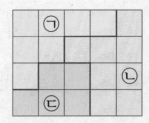

문제해결 Key

작은 한 칸의 크기가 같을 때는 칸 수가 많을수록 넓습니다.

❶ ㉠, ㉡, ㉢은 각각 몇 칸인지 세어 보기
❷ 가장 넓은 것 찾기

| 풀이 |

❶ 작은 한 칸의 크기가 모두 같으므로 칸 수를 세어 보면

㉠은 ☐ 칸, ㉡은 ☐ 칸, ㉢은 ☐ 칸입니다.

❷ 칸 수가 많을수록 넓으므로 가장 넓은 것은 ☐ 입니다.

답 _____

4-1 작은 한 칸의 크기가 모두 같을 때 가장 좁은 것을 찾아 기호를 써 보세요.

( )

4-2 작은 한 칸의 크기가 모두 같을 때 넓은 것부터 차례대로 기호를 써 보세요.

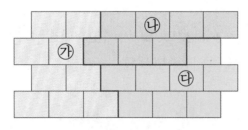

( )

유형 **5** 무게 비교를 활용하는 문제

세 사람이 시소를 타고 있습니다. 가장 무거운 사람과 가장 가벼운 사람의 이름을 차례대로 써 보세요.

세희   현우   진호   현우

문제해결 Key

시소는 무거운 쪽이 아래로 내려가고 가벼운 쪽이 위로 올라갑니다.

❶ 두 명씩 짝을 지어 무게 비교하기
❷ 세 사람의 무게를 비교하여 가장 무거운 사람과 가장 가벼운 사람 찾기

| 풀이 |

❶ 세희와 현우 중에서 더 무거운 사람은 [   ]이고

진호와 현우 중에서 더 무거운 사람은 [   ]입니다.

❷ 무거운 사람부터 차례대로 쓰면 [   ], 현우, [   ]

이므로 가장 무거운 사람은 [   ]이고 가장 가벼운 사람은

[   ]입니다.

❸ 답 _____

5-1 호랑이, 사자, 곰이 시소를 타고 있습니다. 무거운 동물부터 차례대로 써 보세요.

호랑이   사자   곰   호랑이

(   )

5-2 소민이는 신혜보다 더 가볍고, 재희는 신혜보다 더 무겁습니다. (   ) 안에 이름을 알맞게 써 보세요.

(   ) (   ) (   ) (   )

유형 ❻ 담을 수 있는 양을 비교하는 문제

왼쪽 양동이에 물을 가득 채우려고 합니다. ㉠과 ㉡ 두 컵에 물을 가득 담아 각각 양동이에
부을 때 붓는 횟수가 더 적은 컵은 어느 것인지 기호를 써 보세요.

문제해결 Key

그릇의 크기가 클수록 많이
담을 수 있습니다.

❶ ㉠과 ㉡ 중에서 더 많이
담을 수 있는 컵 찾기

❷ 붓는 횟수가 더 적은 컵
찾기

| 풀이 |

❶ 컵의 크기가 클수록 많이 담을 수 있으므로 물을 더 많이 담을
수 있는 컵은 ☐ 입니다.

❷ 물을 많이 담을 수 있는 컵일수록 붓는 횟수가 적으므로 붓는
횟수가 더 적은 컵은 ☐ 입니다.

답 _____

6-1 왼쪽 냄비에 물을 가득 채우려고 합니다. ㉮와 ㉯ 두 컵에 물을 가득 담아 각각
냄비에 부을 때 붓는 횟수가 더 많은 컵은 어느 것인지 기호를 써 보세요.

(   )

6-2 물병에는 ㉠ 컵으로, 어항에는 ㉡ 컵으로, 주전자에는 ㉢ 컵으로 물을 가득
채워 각각 5번씩 부었더니 넘치지 않고 가득 찼습니다. 물병, 어항, 주전자 중
에서 물을 가장 많이 담을 수 있는 것은 어느 것인지 써 보세요.

(   )

4
단원

창의·융합 **유형 7** 길이 비교를 활용하는 문제

연날리기는 *연을 날리며 즐기는 우리나라의 전통놀이입니다. 재우, 수진, 해수가 연날리기를 하고 있습니다. 가장 높게 연을 날리고 있는 사람은 누구일까요?

재우   수진   해수

문제해결 Key

땅에서부터 위쪽에 있을수록 높습니다.

❶ 가장 위쪽에 있는 연 찾기
❷ 가장 높게 연을 날리고 있는 사람 찾기

*연: 종이에 대나무의 가지를 가로 세로로 붙여 실을 맨 다음 공중에 높이 날리는 장난감

| 풀이 |

❶ 땅에서부터 가장 위쪽에 있는 연은 [   ](이)가 날린 연입니다.

❷ 연이 위쪽에 있을수록 높으므로 가장 높게 연을 날리고 있는 사람은 [   ]입니다.

답 _____

7-1

널뛰기는 긴 널빤지의 한가운데를 짚단이나 가마니로 고정해 놓고 양쪽 끝에 한 사람씩 올라서서 번갈아 뛰면서 공중으로 올라갔다 내려왔다 하는 전통놀이입니다. 서영, 가희, 시연이가 널뛰기를 하였습니다. 높게 뛴 사람부터 차례대로 이름을 써 보세요.

▲ 널뛰기

• 서영이는 가희보다 더 높게 뛰었습니다.
• 가희는 시연이보다 더 낮게 뛰었습니다.
• 시연이는 서영이보다 더 높게 뛰었습니다.

(   )

문제 풀이 동영상

1 똑같은 낚싯대로 물고기를 잡았습니다. 가장 무거운 물고기를 써 보세요.

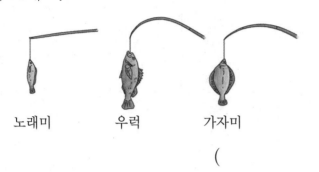

노래미   우럭   가자미

(   )

오답 노트

○ 유형 ❷

2 연필보다 더 긴 것에 모두 ○표 하세요.

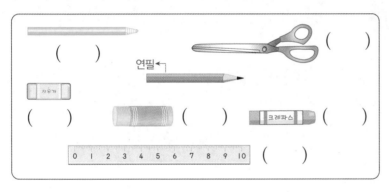

4 단원

3 다음은 젓가락, 숟가락, 포크의 길이를 비교한 것입니다. 젓가락, 숟가락, 포크 중에서 가장 짧은 것은 무엇일까요?

> • 숟가락은 포크보다 더 깁니다.
> • 젓가락은 숟가락보다 더 깁니다.

○ 유형 ❼

(   )

오답 노트

|해법 경시 유형|

4 넓은 동전부터 차례대로 기호를 써 보세요.

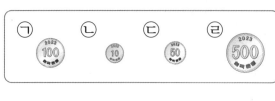

(   )

|성대 경시 유형|

5 키가 둘째로 큰 사람은 누구인지 이름을 써 보세요.

(   )

🎧 **유형 ❶**

|해법 경시 유형|

6 지수, 은우, 수호가 각자 똑같은 컵에 우유를 가득 담아 마시고 다음과 같이 남겼습니다. 우유를 가장 많이 마신 사람은 누구일까요?

지수   은우   수호

(   )

창의·융합 수학+통합

7 재활용 쓰레기는 종류별로 분리하여 지정된 장소에 내놓아야 합니다. 다음은 지운이네 반에서 나온 재활용 쓰레기를 종류별로 분리하여 자루에 담은 것입니다. 각 자루에 담은 물건은 무엇인지 기호를 써 보세요.

나온 쓰레기

㉠ → 플라스틱병
㉡ → 유리병

이 자루는 무거워서 들기가 어려워.

초록색 자루 (   )

주황색 자루 (   )

8 길이가 긴 것부터 차례대로 기호를 써 보세요.

㉠ ——————
㉡ ————————
㉢ ——————
㉣ ——————————

(   )

유형 ❸

9 ㉮와 ㉯ 중에서 색칠한 부분이 더 넓은 것의 기호를 써 보세요.

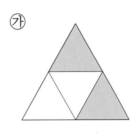 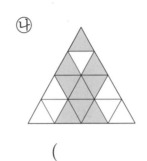

(   )

⌒유형 ❹

|해법 경시 유형|

10 담긴 물의 양이 가장 많은 것을 찾아 기호를 써 보세요.

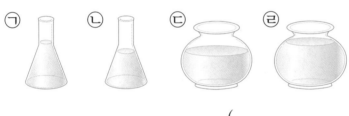

(   )

|해법 경시 유형|

11 무거운 과일부터 차례대로 써 보세요.

(   )

⌒유형 ❺

오답 노트

| 해법 경시 유형 |

12 같은 양의 물이 나오는 수도꼭지로 높이가 같은 그릇 가, 나, 다에 동시에 물을 받았습니다. 얼마 후 물이 그릇 나에 가득 찼을 때 그릇 가는 물이 넘쳤고 그릇 다는 가득 차지 않았습니다. 그릇 가, 나, 다 중에서 가장 많이 담을 수 있는 것을 찾아 기호를 써 보세요.

(   )

∩유형**❻**

| 해법 경시 유형 |

13 다음을 읽고 윤성, 서준, 재한, 민호 중에서 가장 가벼운 사람은 누구인지 이름을 써 보세요.

> • 윤성: 나는 재한이와 민호보다 무거워.
> • 서준: 나는 윤성이보다 무거워.
> • 재한: 나는 서준이보다 가볍고 민호보다 무거워.

(   )

4
단원

1 진영, 민호, 가은, 재희 중에서 키가 가장 큰 사람은 누구일까요?

> ㉠ 진영이는 민호보다 키가 더 큽니다.
> ㉡ 가은이는 재희보다 키가 더 큽니다.
> ㉢ 가은이는 민호보다 키가 더 작습니다.

(   )

┃성대 경시 유형┃

2 오른쪽 모눈종이에 선을 그어 가, 나, 다 길을 각각 만들었습니다. 가, 나, 다 길 중에서 길이가 가장 짧은 길의 기호를 써 보세요. (단, □를 이루는 선의 길이는 모두 같습니다.)

(   )

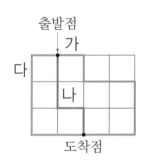

3 다음을 읽고 어항, 물통, 항아리 중 물을 가장 적게 담을 수 있는 것은 어느 것인지 써 보세요.

> • 물통에 물을 가득 담아서 어항에 **2**번 부으면 넘치지 않고 가득 찹니다.
> • 항아리에 물을 가득 담아서 어항과 물통에 부으면 모두 가득 채우고 항아리에 물이 남습니다.

(   )

○ 정답 및 풀이 36~37쪽

문제 풀이 동영상

|해법 경시 유형|

4 원숭이, 곰, 늑대 중에서 가장 가벼운 동물은 무엇일까요? (단, 같은 동물은 무게가 같습니다.)

> ㉠ 원숭이 3마리의 무게는 곰 1마리의 무게와 같습니다.
> ㉡ 늑대 4마리의 무게는 곰 2마리의 무게와 같습니다.

(   )

 창의·융합 수학+통합

5 김치는 배추, 무, 오이 등과 같은 채소를 소금에 절여 여러 가지 양념을 넣어 버무린 것입니다. 다음과 같이 작은 한 칸의 크기가 모두 같은 ㉮, ㉯ 두 밭이 있습니다. ㉮ 밭에는 3칸을 남겨놓고 모두 배추를 심었고, ㉯ 밭에는 1칸을 남겨놓고 모두 배추를 심었습니다. 배추를 심은 부분이 더 넓은 밭의 기호를 써 보세요.

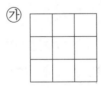 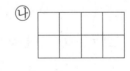

(   )

6 희주, 민서, 규원이는 같은 아파트에 살고 있습니다. 세 사람 중 가장 높은 층에 사는 사람은 누구인지 이름을 써 보세요.

> • 희주는 5층에 살고 있습니다.
> • 민서는 희주보다 두 층 더 낮은 곳에 살고 있습니다.
> • 규원이는 민서보다 한 층 더 높은 곳에 살고 있습니다.

(   )

│해법 경시 유형│

7 시현이는 로하보다 더 무겁고, 지유는 예지보다 더 가볍습니다. 시소에 앉은 그림을 보고 예지, 시현, 로하, 지유 중에서 세 번째로 무거운 사람은 누구인지 이름을 써 보세요.

예지   시현   로하   예지

(   )

8 유진이와 재한이가 같은 크기의 벽에 종이를 붙이려고 합니다. 동시에 종이를 붙이기 시작했다면 벽에 종이를 더 빨리 붙일 수 있는 사람은 누구인지 이름을 써 보세요. (단, 두 사람이 종이를 한 장씩 붙이는 빠르기는 서로 같습니다.)

유진   재한

(   )

9 승아와 민규는 가위바위보를 하여 이기는 사람만 계단을 한 칸씩 올라가는 게임을 하였습니다. 민규가 승아보다 한 칸 아래에 있는 계단에서 출발하였고 가위바위보 결과가 다음과 같았다면 더 높이 올라간 사람은 누구인지 이름을 써 보세요.

승아	가위	보	바위	가위	바위	가위	보	보	가위
민규	바위	가위	보	보	바위	바위	가위	바위	보

(   )

|해법 경시 유형|

10 똑같은 무게의 쇠구슬을 이용하여 무게를 알아본 것입니다. 다음을 모두 만족할 때, 무화과 1개와 레몬 1개의 무게의 합은 쇠구슬 몇 개의 무게와 같을까요?

- 무화과 1개와 귤 1개의 무게의 합은 쇠구슬 6개의 무게와 같습니다.
- 귤 1개와 레몬 1개의 무게의 합은 쇠구슬 7개의 무게와 같습니다.
- 귤 1개의 무게는 쇠구슬 2개의 무게와 같습니다.

(   )

찍찍이의 치즈 먹기 대작전

» 7개의 치즈가 있습니다. 찍찍이가 루루가 있는 칸은 지나지 않고 7개의 치즈를 모두 먹은 후 출구로 나갈 수 있는 길을 찾아 선을 그어 보세요.

규칙

• 한 번 지나간 길을 다시 지나가면 안 됩니다.
• 오른쪽과 왼쪽 또는 위쪽과 아래쪽 방향으로만 지나가야 합니다.

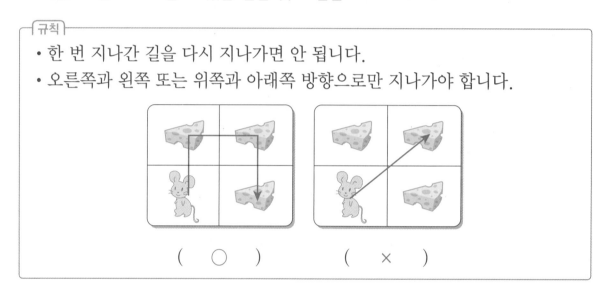

(○)　　　　(×)

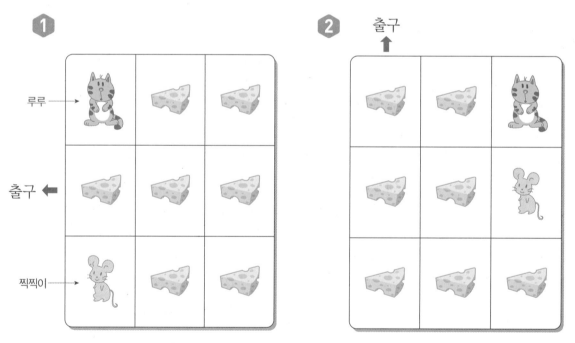

>> 루루는 찍찍이를 잡기 위해 쥐덫을 설치했습니다. 찍찍이가 루루와 쥐덫을 피해
치즈를 모두 먹을 수 있는 길을 찾아 선을 그어 보세요.

❸

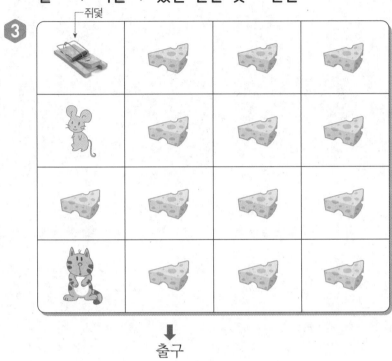

출구

❹

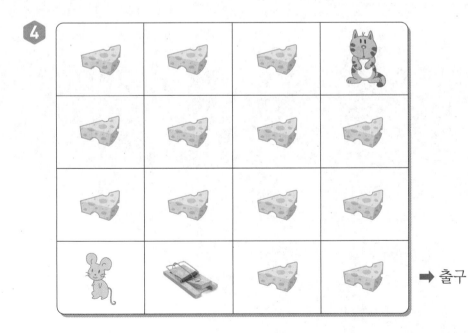

➡ 출구

5

50까지의 수

꼭 알아야 할 대표 유형

1 10, 10 모으기와 가르기

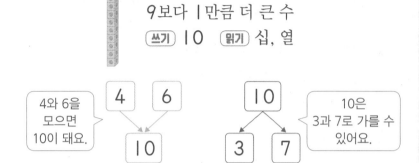

9보다 1만큼 더 큰 수
쓰기 10   읽기 십, 열

4와 6을 모으면 10이 돼요.

10은 3과 7로 가를 수 있어요.

활용 개념 ①

10을 여러 가지로 나타내기

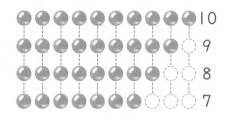

10은 ─ 9보다 1만큼 더 큰 수
      ─ 8보다 2만큼 더 큰 수
      ─ 7보다 3만큼 더 큰 수

2 십몇

→ 10개씩 묶음 1개와 낱개 1개

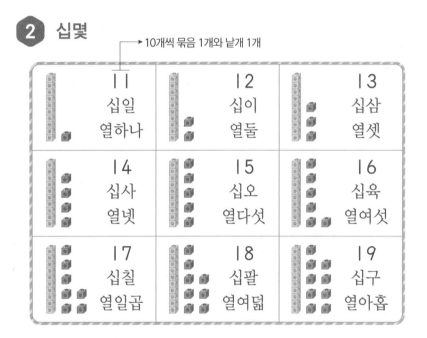

11 십일 열하나	12 십이 열둘	13 십삼 열셋
14 십사 열넷	15 십오 열다섯	16 십육 열여섯
17 십칠 열일곱	18 십팔 열여덟	19 십구 열아홉

활용 개념 ②

상황에 따라 수를 다르게 읽는 경우

예 수수깡이 16개 있습니다.
⇨ 열여섯 개
내 생일은 9월 16일입니다.
⇨ 십육 일

3 모으기와 가르기

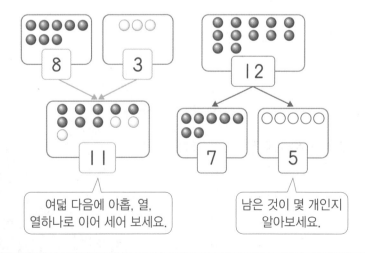

8   3
11

12
7   5

여덟 다음에 아홉, 열, 열하나로 이어 세어 보세요.

남은 것이 몇 개인지 알아보세요.

1 10이 되도록 ○를 그리고, □ 안에 알맞은 수를 써넣으세요.

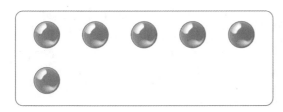

6과 □ 을/를 모으면 10이 됩니다.

활용 개념 ❶

4 나타내는 수가 <u>다른</u> 하나는 어느 것일까요? ·························· (   )

① 8보다 2만큼 더 큰 수
② 십
③ 9보다 1만큼 더 작은 수
④ 열
⑤ 7보다 3만큼 더 큰 수

2 10개씩 묶고 사탕의 수를 세어 □ 안에 써넣으세요.

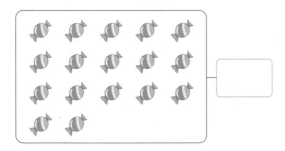

5 모으기를 하여 14가 되는 수끼리 선으로 이어 보세요.

활용 개념 ❷

3 밑줄 친 수를 어떻게 읽어야 하는지 알맞은 것에 ○표 하세요.

(1) 형은 <u>15</u>살입니다.
⇨ (십오, 열다섯)

(2) 내 번호는 <u>15</u>번입니다.
⇨ (십오, 열다섯)

6 15를 여러 가지 방법으로 가르기를 해 보세요.

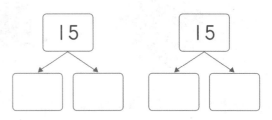

5 단원

STEP 1 Start 실전 개념

1 몇십

	20 이십 스물	30 삼십 서른
	40 사십 마흔	50 오십 쉰

⇨ I0개씩 묶음 ■개를 ■0이라고 합니다.

2 몇십몇

• 몇십몇 알아보기

I0개씩 묶음	낱개
2	3

쓰기 23 　읽기 이십삼, 스물셋

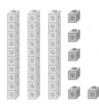

I0개씩 묶음	낱개
3	6

쓰기 36 　읽기 삼십육, 서른여섯

• 생활 속에서 찾을 수 있는 몇십몇

크레파스는 24색입니다.

6시 35분입니다.

참고

■0 ⇨ I0개씩 묶음 ■개

예 20 ⇨ I0개씩 묶음 2개

　50 ⇨ I0개씩 묶음 5개

활용 개념

I0개씩 묶음 ■개와 낱개 ▲●개인 수

⇨ I0개씩 묶음 (■+▲)개와 낱개 ●개인 수

예 I0개씩 묶음 2개와 낱개 I4개인 수

　⇨ I0개씩 묶음 2+I=3(개)와 낱개 4개인 수

　⇨ 34

미리보기 1-2

┌ I0개씩 묶음의 수
│ ⇨ 십의 자리 숫자
└ 낱개의 수 ⇨ 일의 자리 숫자

예　　　45
　　십의 자리 숫자 ◀──┘ └──▶ 일의 자리 숫자

1 같은 수끼리 선으로 모두 이어 보세요.

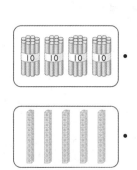

· 쉰

· 사십

· 오십

· 마흔

2 ☐ 안에 알맞은 수를 써넣으세요.

(1) 27은 10개씩 묶음 ☐ 개와 낱개

☐ 개입니다.

(2) 42는 10개씩 묶음 ☐ 개와 낱개

☐ 개입니다.

3 20개가 되도록 ○를 그려 보세요.

4 수를 잘못 읽은 것을 찾아 기호를 써 보세요.

⊙ 20 — 이십   ⓛ 25 — 스물다섯
ⓒ 31 — 서른일   ⓔ 48 — 사십팔

(   )

활용 개념

5 다음이 나타내는 수를 구하세요.

10개씩 묶음 3개와 낱개 11개인 수

(   )

6 나타내는 수가 다른 하나를 찾아 기호를 써 보세요.

⊙ 이십육
ⓛ 스물여섯
ⓒ 36
ⓔ 10개씩 묶음 2개와 낱개 6개

(   )

7 승희네 반 학생은 30명입니다. 한 줄에 10명씩 세우면 모두 몇 줄일까요?

(   )

STEP 1 Start 실전 개념

1 · 50까지 수의 순서

→ 1씩 커집니다.

1	2	3	4	5	6	7	8	9	10
11	12	13	14	15	16	17	18	19	20
21	22	23	24	25	26	27	28	29	30
31	32	33	34	35	36	37	38	39	40
41	42	43	44	45	46	47	48	49	50

↓ 10씩 커집니다.

⇨ 오른쪽으로 한 칸 갈 때마다 1씩 커지고
   아래쪽으로 한 칸 갈 때마다 10씩 커집니다.

활용 개념 ❶

■와 ▲ 사이의 수
⇨ ■와 ▲는 포함되지 않습니다.
예 25와 28 사이의 수

㉕ 26 27 ㉘
    └─ 25와 28 사이의 수 ─┘

⇨ 25와 28 사이에 있는 수는
   26과 27입니다.

참고

1만큼 더 큰 수와 1만큼 더 작은 수

1만큼 더 작은 수		1만큼 더 큰 수
29	30	31

→ 30 바로 앞의 수   → 30 바로 뒤의 수

2 두 수의 크기 비교

• 19와 26의 크기 비교 — 10개씩 묶음의 수가 다른 경우

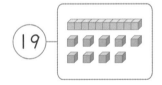 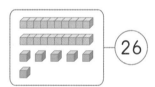

┌ 19는 26보다 작습니다.
└ 26은 19보다 큽니다.

> 10개씩 묶음의 수가
> 다를 때에는 묶음의 수가
> 큰 쪽이 더 큰 수예요.

• 37과 32의 크기 비교 — 10개씩 묶음의 수가 같은 경우

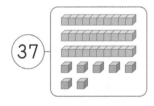 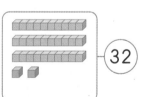

┌ 37은 32보다 큽니다.
└ 32는 37보다 작습니다.

> 10개씩 묶음의 수가
> 같을 때에는 낱개의 수가
> 큰 쪽이 더 큰 수예요.

활용 개념 ❷

25, 18, 23 중 가장 큰 수 구하기

방법1 두 수씩 묶어서 비교하기
① 25, 18 ⇨ 25는 18보다 큽니다.
② 25, 23 ⇨ 25는 23보다 큽니다.
③ 가장 큰 수 ⇨ 25

방법2 세 수를 동시에 비교하기
① 10개씩 묶음의 수를 비교하면
   18이 가장 작습니다.
② 25, 23 ⇨ 25는 23보다 큽니다.
③ 가장 큰 수 ⇨ 25

1 그림을 보고 □ 안에 알맞은 수를 써넣으세요.

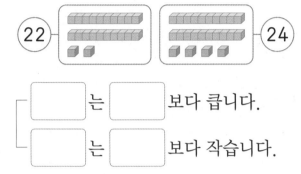

| | 는 | | 보다 큽니다.

| | 는 | | 보다 작습니다.

2 빈칸에 알맞은 수를 써넣으세요.

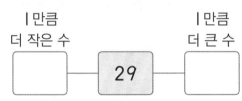

3 작은 수부터 순서대로 써 보세요.

㉑ ㉓ ㉒ ㉕ ㉔

( )

4 주어진 수보다 작은 수에 모두 ○표 하세요.

37   (41, 29, 38, 14)

활용 개념 ❷

5 가장 큰 수를 찾아 써 보세요.

| 30 | 34 | 28 |

( )

활용 개념 ❶

6 책이 번호 순서대로 책꽂이에 꽂혀 있습니다. 45번과 49번 사이에 꽂혀 있는 책의 번호를 모두 써 보세요.

( )

7 수의 순서에 맞게 빈칸에 알맞은 수를 써넣고, 색칠한 수들은 어떤 규칙이 있는지 써 보세요.

11	12	13			16	17
18			21	22		24
	26	27			30	

규칙 _____

_____

유형 1 수 카드로 두 자리 수를 만드는 문제

수 카드 4장 중에서 2장을 골라 한 번씩만 사용하여 두 자리 수를 만들려고 합니다. 만들 수 있는 수 중에서 가장 큰 수를 써 보세요.

| 2 | | 0 | | 4 | | 1 |

문제해결 Key

가장 큰 두 자리 수

⇨ | 가장
큰 수 | 둘째로
큰 수 |

10개씩 ← ┘ └ → 낱개의
묶음의 수 수

❶ 수 카드에서 가장 큰 수와 둘째로 큰 수 찾기
❷ 가장 큰 두 자리 수 만들기

| 풀이 |

❶ 수 카드의 수를 큰 수부터 차례대로 쓰면 4, ☐ , ☐ , ☐ 이므로 가장 큰 수는 ☐ 이고, 둘째로 큰 수는 ☐ 입니다.

❷ 만들 수 있는 수 중에서 가장 큰 수는 ☐ 입니다.

답 _____

1-1 수 카드 4장 중에서 2장을 골라 한 번씩만 사용하여 두 자리 수를 만들려고 합니다. 만들 수 있는 수 중에서 가장 작은 수를 써 보세요.

| 3 | | 2 | | 7 | | 8 |

( )

1-2 수 카드 4장 중에서 2장을 골라 한 번씩만 사용하여 두 자리 수를 만들려고 합니다. 만들 수 있는 수 중에서 둘째로 큰 수를 써 보세요.

| 1 | | 5 | | 4 | | 3 |

( )

유형 ② 수 배열표에서 규칙을 찾아 해결하는 문제

수 배열표에서 규칙을 찾아 ㉠에 알맞은 수를 구하세요.

11	12	13		15			㉡		20
	22								
31							㉠		

문제해결 Key

오른쪽으로 한 칸 갈 때마다, 아래쪽으로 한 칸 갈 때마다 어떤 규칙이 있는지 알아봅니다.

❶ ㉡ 구하기
❷ ㉠ 구하기

| 풀이 |

❶ 오른쪽으로 한 칸 갈 때마다 [   ]씩 커지는 규칙이므로

㉡에 알맞은 수는 [   ]입니다.

❷ 아래쪽으로 한 칸 갈 때마다 [   ]씩 커지는 규칙이므로

㉠에 알맞은 수는 [   ]입니다.

답 _____

2-1 수 배열표에서 규칙을 찾아 ㉠에 알맞은 수를 구하세요.

21		23	24	25				
	32	33			36			
								㉠

(   )

2-2 오른쪽은 수 배열표의 일부분이 찢어진 것입니다. 규칙을 찾아 ㉠에 알맞은 수를 구하세요.

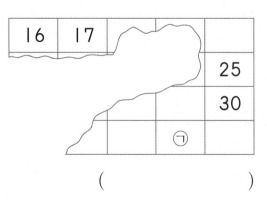

(   )

유형 ❸ 가르기를 활용한 문제

연우와 은지가 귤 10개를 나누어 가지려고 합니다. 연우가 더 많이 가지게 되는 경우는 모두 몇 가지일까요? (단, 연우와 은지는 귤을 적어도 한 개씩은 가집니다.)

문제해결 Key

10을 두 수로 가를 수 있는 모든 경우를 생각해 봅니다.

❶ 10을 두 수로 가를 수 있는 경우 알아보기
❷ 연우가 더 많이 가지게 되는 경우는 모두 몇 가지인지 구하기

| 풀이 |

❶ 10을 두 수로 가를 수 있는 경우를 모두 알아봅니다.

10	1	2	3	4	5	6	7	8	9
	9	8			5	4		2	

❷ 연우가 더 많이 가지게 되는 경우를 (연우, 은지)로 나타내면 (6, 4), (7, ☐), (8, 2), (9, ☐)이므로 모두 ☐ 가지입니다.

답 _____

3-1 재혁이와 형이 연필 11자루를 나누어 가지려고 합니다. 재혁이가 더 적게 가지게 되는 경우는 모두 몇 가지일까요? (단, 재혁이와 형은 연필을 적어도 한 자루씩은 가집니다.)

(   )

3-2 희주와 동생이 땅콩 12개를 나누어 먹으려고 합니다. 희주가 동생보다 2개 더 많이 먹으려면 희주는 땅콩을 몇 개 먹어야 할까요?

(   )

유형 ④ 수의 크기 비교를 활용한 문제

민규와 지우 중에서 수수깡을 더 많이 가지고 있는 사람은 누구일까요?

나는 수수깡을 10개씩 묶음 2개와 낱개 7개를 가지고 있어.

나는 수수깡을 30개 가지고 있어.

민규   지우

문제해결 Key

10개씩 묶음의 수가 클수록 큰 수입니다.

❶ 민규가 가지고 있는 수수 깡의 수를 몇십몇으로 나 타내기

❷ 누가 수수깡을 더 많이 가 지고 있는지 구하기

| 풀이 |

❶ 10개씩 묶음 2개와 낱개 7개인 수는 ☐ 이므로 민규가

가지고 있는 수수깡은 ☐ 개입니다.

❷ 10개씩 묶음의 수를 비교하면 ☐ 이 27보다 크므로

수수깡을 더 많이 가지고 있는 사람은 ☐ 입니다.

답 _____

4-1 준영이가 딴 딸기는 36개이고, 가은이가 딴 딸기는 10개씩 묶음 3개와 낱 개 4개입니다. 준영이와 가은이 중 누가 딸기를 더 많이 땄을까요?

(   )

4-2 다음은 희수, 효진, 재우가 가지고 있는 구슬의 수입니다. 세 사람 중 누가 구 슬을 가장 적게 가지고 있을까요?

- 희수: 10개씩 묶음 3개
- 효진: 스물아홉 개
- 재우: 10개씩 묶음 2개와 낱개 11개

(   )

5 단원

두 조건을 만족하는 수를 구하세요.

> • 16과 21 사이의 수입니다.
> • 낱개의 수가 9입니다.

문제해결 Key

낱개의 수가 9인 두 자리 수
⇨ ■9

❶ 16과 21 사이의 수 구하기
❷ ❶에서 구한 수 중 낱개의 수가 9인 수 구하기

| 풀이 |

❶ 16과 21 사이의 수는 17, 18, [   ], [   ] 입니다.

❷ ❶에서 구한 수 중 낱개의 수가 9인 수는 [   ] 입니다.

답 _____

5-1 두 조건을 만족하는 수를 모두 구하세요.

> • 23과 41 사이의 수입니다.
> • 낱개의 수가 5입니다.

(   )

5-2 두 조건을 만족하는 수를 모두 구하세요.

> • 37보다 크고 43보다 작은 수입니다.
> • 10개씩 묶음의 수가 낱개의 수보다 큽니다.

(   )

유형 **6** 더 있어야 하는 개수를 구하는 문제

감이 36개 있습니다. 한 줄에 10개씩 꿰어 곶감 4줄을 만들려면 감이 몇 개 더 있어야 할까요?

문제해결 Key

감을 10개씩 4줄로 만들어야 합니다.

❶ 감 36개는 10개씩 묶음과 낱개가 각각 몇 개인지 알아보기

❷ 더 있어야 하는 감의 수 구하기

| 풀이 |

❶ 감 36개는 10개씩 묶음 ☐개와 낱개 ☐개입니다.

❷ 낱개가 10개가 되려면 감이 ☐개 더 있어야 합니다.

⇨ 4줄을 만들려면 감이 ☐개 더 있어야 합니다.

답 _____

6-1 고구마가 45개 있습니다. 고구마를 한 상자에 10개씩 담아 5상자를 만들려면 고구마가 몇 개 더 있어야 할까요?

(   )

6-2 공책을 승아는 10권씩 4묶음을 가지고 있고, 민규는 31권을 가지고 있습니다. 민규는 공책이 몇 권 더 있어야 승아와 가지고 있는 공책의 수가 같아질까요?

(   )

6-3 구슬을 지우는 27개 가지고 있고 태하는 10개씩 묶음 2개와 낱개 3개를 가지고 있습니다. 지우와 태하가 가진 구슬의 수를 같게 하려면 지우가 태하에게 구슬을 몇 개 주어야 할까요?

(   )

유형 **7** ☐ 안에 들어갈 수 있는 수를 구하는 문제

0부터 9까지의 수 중에서 ■에 들어갈 수 있는 수를 모두 구하세요.

> 2■은/는 27보다 큽니다.

문제해결 Key

10개씩 묶음의 수가 같으므로 낱개의 수를 비교합니다.

❶ ■는 몇보다 커야 하는지 알아보기

❷ ■에 들어갈 수 있는 수 구하기

| 풀이 |

❶ 10개씩 묶음의 수가 2로 같으므로 낱개의 수를 비교하면

■는 ☐ 보다 커야 합니다.

❷ 0부터 9까지의 수 중에서 7보다 큰 수는 ☐ , ☐ 이므로

■에 들어갈 수 있는 수는 ☐ , ☐ 입니다.

🅐 _____

7-1   0부터 9까지의 수 중에서 ☐ 안에 들어갈 수 있는 수를 모두 구하세요.

> 4☐은/는 43보다 작습니다.

(   )

7-2   0부터 9까지의 수 중에서 ☐ 안에 들어갈 수 있는 수를 모두 구하세요.

> 3☐은/는 34보다 크고 37보다 작습니다.

(   )

창의 · 융합 | 유형 **8** 남은 개수를 구하는 문제

오이 한 거리는 50개를 나타냅니다. 민주는 오이 한 거리 중에서 10개씩 묶음 2개를 이웃집에 나누어 주었습니다. 남은 오이는 몇 개일까요?

문제해결 Key

오이 한 거리 ⇨ 오이 50개

❶ 오이 한 거리는 10개씩 묶음이 몇 개인지 알아보기
❷ 남은 오이의 수 구하기

| 풀이 |

❶ 오이 한 거리는 50개를 나타내므로 10개씩 묶음 ☐개 입니다.

❷ 남은 오이는 10개씩 묶음 5−2=☐(개)이므로 ☐개 입니다.

답 _____

8-1 조기 한 두름은 20마리를 나타냅니다. 어느 생선 가게에서 조기 한 두름 중 10마리씩 묶음 1개를 팔았습니다. 남은 조기는 몇 마리일까요?

( )

8-2 바늘 한 쌈은 24개를 나타냅니다. 선생님께서 바늘을 한 쌈 사서 학생들에게 10개씩 묶음 2개와 낱개 1개를 나누어 주었습니다. 남은 바늘은 몇 개일까요?

( )

1 구슬이 47개 있습니다. 한 줄에 10개씩 꿰어 5줄을 만들려면 구슬이 몇 개 더 있어야 할까요?

(   )

오답 노트

🎧 유형 ❻

2 지우의 일기를 읽고 수를 어떻게 읽어야 하는지 알맞은 말에 ○표 하세요.

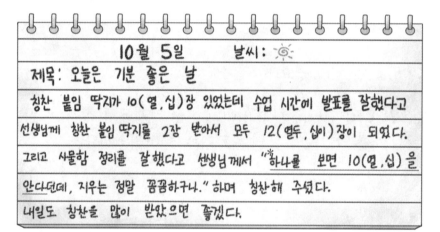

10월 5일   날씨: ☀

제목: 오늘은 기분 좋은 날

칭찬 붙임 딱지가 10(열, 십)장 있었는데 수업 시간에 발표를 잘했다고

선생님께 칭찬 붙임 딱지를 2장 받아서 모두 12(열두, 십이)장이 되었다.

그리고 사물함 정리를 잘했다고 선생님께서 "하나를 보면 10(열, 십)을

안다던데, 지우는 정말 꼼꼼하구나." 하며 칭찬해 주셨다.

내일도 칭찬을 많이 받았으면 좋겠다.

*하나를 보면 10을 안다.
: 일부를 보고 전체를 추측하여 알 수 있음을 뜻하는 말입니다.

3 수를 모으기한 것입니다. 빈칸에 알맞은 수를 써넣으세요.

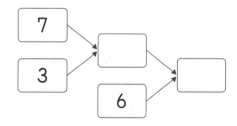

◦ 정답 및 풀이 45~46쪽

문제 풀이 동영상

|해법 경시 유형|

4 짝지은 두 수의 크기를 비교하여 더 큰 수를 아래 빈칸에 써넣으세요.

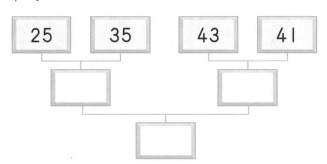

5 동욱이와 민주는 과자 14개를 똑같이 나누어 먹으려고 합니다. 한 사람이 과자를 몇 개씩 먹으면 될까요?

( )

유형❸

• ㉠: 통일신라시대에 경주 토함산에 세워진 절
• ㉡: 백제시대의 석탑
• ㉢: 신라시대에 별을 보기 위하여 높이 쌓은 대

창의·융합 수학+통합

6 국보는 나라에서 정하여 보호하는 중요한 문화재입니다. 우리나라 국보에는 정해진 번호가 있습니다. ■와 ●는 각각 0부터 9까지의 수 중 하나일 때 다음 국보 중 번호가 가장 큰 국보를 찾아 기호를 써 보세요.

㉠ 경주 석굴암 석굴	㉡ 익산 미륵사지 석탑	㉢ 경주 첨성대
국보 제2■호	국보 제11호	국보 제3●호

( )

7 승아는 어머니의 생신 케이크에 꽂을 초를 준비하려고 합니다. 큰 초는 10살, 작은 초는 1살을 나타냅니다. 어머니의 연세가 34세일 때, 초를 가장 적게 준비한다면 초는 모두 몇 개 필요할까요?

(   )

8 준수는 구슬을 46개 가지고 있었습니다. 그중에서 10개씩 묶음 2개와 낱개 2개를 친구에게 주었습니다. 준수에게 남은 구슬은 몇 개일까요?

(   )

∩유형❽

9 수 배열표에서 ●에 알맞은 수는 ■에 알맞은 수보다 얼마만큼 더 큰 수일까요?

21	22	23	24			27			
	32					■			
					●				

(   )

∩유형❷

오답 노트

10 민규와 지우가 함께 수영장에 가려고 합니다. 두 사람이 함께 수영장에 갈 수 있는 날짜를 모두 써 보세요.

나는 수영장에 16일부터 21일까지 갈 수 있어.
민규

나는 수영장에 19일부터 24일까지 갈 수 있어.
지우

(   )

|성대 경시 유형|

11 ☐ 안에 같은 수를 넣으려고 합니다. ☐ 안에 들어갈 수 있는 수를 모두 구하세요.

> • ☐은/는 26보다 큽니다.
> • ☐은/는 29보다 작습니다.

(   )

🎧유형❼

5
단원

12 태하와 선영이는 과녁 맞히기 놀이를 하였습니다. 점수가 더 높은 사람이 이길 때, 태하와 선영이 중 이긴 사람은 누구일까요?

태하

선영

🎧유형❹

(   )

|해법 경시 유형|

13 어느 야구 선수가 자신의 등 번호를 설명한 것입니다. 이 선수의 등 번호는 몇 번일까요?

(   )

∩ 유형 ❺

|성대 경시 유형|

14 수 카드 4장 중에서 2장을 골라 한 번씩만 사용하여 두 자리 수를 만들려고 합니다. 만들 수 있는 수 중에서 50보다 작은 수는 모두 몇 개일까요?

| 0 | 2 | 4 | 5 |

(   )

∩ 유형 ❶

15 수를 가르고 모으기를 한 것입니다. 같은 모양은 같은 수를 나타낼 때 ▲에 알맞은 수를 구하세요.

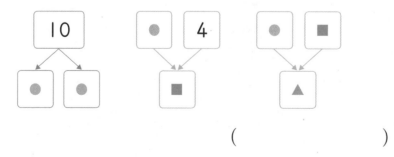

(   )

오답 노트

해법 경시 유형

16 규칙에 따라 여러 가지 모양을 늘어놓은 것입니다. 모양을 16번째까지 늘어놓았을 때 늘어놓은 ⬡ 모양과 ◯ 모양의 개수의 차는 몇 개일까요?

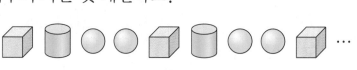

(   )

17 운동장에 학생 20명이 한 줄로 서 있습니다. 정인이는 앞에서 11번째에 서 있고 재우는 뒤에서 3번째에 서 있습니다. 정인이와 재우 사이에는 몇 명이 서 있을까요?

(   )

성대 경시 유형

18 36과 ㉠ 사이에 수가 5개 있습니다. ㉠이 될 수 있는 수를 모두 구하세요.

(   )

오답 노트

5
단원

1 다음과 같은 두 카드 가와 나를 19와 17이 서로 겹치도록 포개어 놓을 때, 같은 칸 가에 있는 수가 나에 있는 수보다 큰 칸은 모두 몇 개일까요?

가
19	21	38
45	33	41

나
17	30	34
37	23	42

(   )

2 게와 거미는 뼈가 없는 동물로 절지동물에 속합니다. 절지동물은 몸과 다리에 마디가 있습니다. 게는 다리가 10개이고 거미는 다리가 8개입니다. 게와 거미의 마리 수가 같고 게 전체의 다리가 거미 전체의 다리보다 8개 더 많을 때 거미는 몇 마리일까요?

(   )

3 14보다 크고 40보다 작은 수를 모두 쓸 때, 숫자 2는 모두 몇 번 쓰게 될까요?

(   )

|해법 경시 유형|

4 0 부터 9 까지의 수 카드가 한 장씩 있습니다. 이 수 카드 중에서 2장을 골라 한 번씩만 사용하여 두 자리 수를 만들려고 합니다. 32 보다 크고 46보다 작은 두 자리 수는 모두 몇 개일까요?

(   )

5 0부터 5까지의 수가 쓰여진 주사위가 2개 있습니다. 2개의 주사위를 던져서 다음과 같이 나온 수를 한 번씩만 사용하여 두 자리 수를 만들려고 합니다. 가장 큰 두 자리 수를 만들 수 있는 사람은 누구일까요?

채원		도윤		서우		준서	
4	2	0	5	1	4	3	2

(   )

5
단원

6 다음을 만족하는 어떤 수가 6개일 때, 1부터 9까지의 수 중에서 ☐ 안에 공통으로 들어갈 수 있는 수를 구하세요.

> 어떤 수는 ☐5보다 크고 3☐보다 작습니다.

(   )

|해법 경시 유형|

7 두 자리 수 ㉮가 있습니다. 이 수의 10개씩 묶음의 수와 낱개의 수를 서로 바꾼 수가 ㉯일 때 ㉮와 ㉯는 모두 22보다 크고 33보다 작습니다. ㉮가 될 수 있는 수를 모두 구하세요.

(   )

8 재한이와 승아는 1부터 50까지의 수가 적힌 계단에서 계단 오르내리기 놀이를 하였습니다. 맨 아래 계단에 적힌 수는 1이고 재한이는 25가 적힌 계단에서 3칸씩 3번 위로 올라가고, 승아는 46이 적힌 계단에서 4칸씩 몇 번 아래로 내려갔더니 재한이와 승아가 같은 수가 적힌 계단에서 만났습니다. 승아는 4칸씩 몇 번 내려갔을까요?

(   )

|성대 경시 유형|

9 수를 가르고 모으기를 한 것입니다. ●는 ▲보다 크고 같은 모양은 같은 수를 나타냅니다. ●에 알맞은 수를 구하세요.

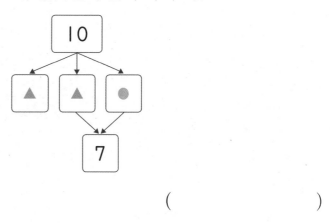

(   )

|성대 경시 유형|

10 1원짜리와 10원짜리 장난감 동전이 있습니다. 이것을 사용하여 50원을 만드는 방법은 모두 몇 가지일까요?

(   )

CONTENTS

1 배구공의 수를 세어 보고 수를 써 보세요.

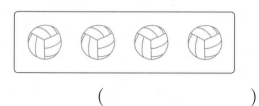

( )

2 모양이 <u>다른</u> 하나는 어느 것일까요?
·····················( )

①  ②

③ ④

⑤

3 주어진 수보다 1만큼 더 작은 수를 써 보세요.

8

( )

4 오른쪽 모양과 같은 모양의 물건은 어느 것일까요? ··········( )

① ② ③

④ ⑤

5 두 수의 크기를 비교하여 더 큰 수를 써 보세요.

41, 36

( )

6 지안이는 급식을 받기 위해 한 줄로 서 있습니다. 지안이 앞에는 4명, 뒤에는 3명이 서 있을 때 줄을 서 있는 사람은 모두 몇 명일까요?

( )

7 같은 모양은 같은 수를 나타냅니다. ▲에 알맞은 수를 구하세요.

$$3+4=●, ●+▲=9$$

( )

8 지호는 초콜릿 8개를 가지고 있었습니다. 그중 6개를 먹었다면 지호가 먹고 남은 초콜릿은 몇 개일까요?

( )

9 ☐ 안에 알맞은 수가 가장 작은 것을 찾아 기호를 써 보세요.

⊙ $2+4=$☐
ⓒ $8-5=$☐
ⓒ $8+$☐$=8$

( )

10 혜지와 정우가 구슬 7개를 나누어 가지려고 합니다. 혜지가 정우보다 1개 더 많이 가지려면 혜지는 구슬을 몇 개 가져야 할까요?

( )

11 다음에서 ⬤ 모양을 가장 많이 사용하여 만든 모양을 찾아 기호를 써 보세요.

⊙   ⓒ   ⓒ

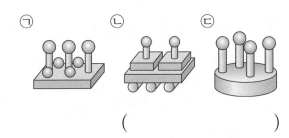

( )

12 유나, 민주, 혜지 3명이 각자 똑같은 컵에 우유를 가득 담아 마시고 남은 것입니다. 우유를 가장 많이 마신 사람은 누구일까요?

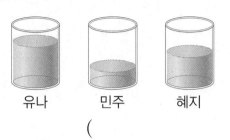

유나　　민주　　혜지

(　　　　　　　　)

13 은원, 서현, 동주가 가지고 있는 구슬의 수입니다. 세 사람 중 구슬을 가장 적게 가지고 있는 사람은 누구일까요?

> • 은원: 10개씩 묶음 2개와 낱개 12개
> • 서현: 스물여섯 개
> • 동주: 10개씩 묶음 2개와 낱개 7개

(　　　　　　　　)

14 □ 안에 같은 수를 넣으려고 합니다. □ 안에 들어갈 수 있는 수를 모두 구하세요.

> • □은/는 34보다 큽니다.
> • □은/는 38보다 작습니다.

(　　　　　　　　)

15 주어진 수 중에서 6보다 작은 수는 모두 몇 개일까요?

> 6　2　4　7　3　8　9

(　　　　　　　　)

16 수 카드 4장 중에서 2장을 골라 한 번씩만 사용하여 두 자리 수를 만들려고 합니다. 만들 수 있는 수 중에서 둘째로 큰 수를 구하세요.

2　1　3　4

(　　　　　　　　)

17 모눈종이에 선을 그어 가, 나, 다 길을 각각 만들었습니다. 가, 나, 다 길 중에서 가장 긴 길을 찾아 기호를 써 보세요. (단, ☐의 길이는 모두 같습니다.)

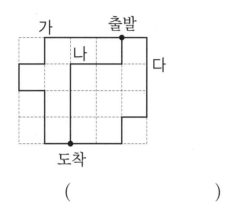

(　　　　　　　)

18 공책을 형은 5권, 동생은 3권 가지고 있습니다. 형과 동생의 공책의 수가 똑같아지려면 형은 동생에게 공책을 몇 권 주어야 할까요?

(　　　　　　　)

19 다음은 빨대, 칫솔, 연필의 길이를 비교한 것입니다. 빨대, 칫솔, 연필 중에서 가장 긴 것을 찾아 번호를 써 보세요.

> • 연필은 칫솔보다 더 짧습니다.
> • 칫솔은 빨대보다 더 짧습니다.

① 빨대　　② 칫솔　　③ 연필

(　　　　　　　)

20 ☐ 안의 수는 같은 줄의 양쪽에 있는 ◯ 안의 두 수의 합입니다. ㉠에 알맞은 수를 구하세요.

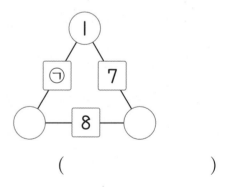

(　　　　　　　)

1 ☐ 안에 알맞은 수를 써넣으세요.

$$7-3=\boxed{}$$

2 사과와 배 중 더 무거운 과일을 써 보세요.

사과   배

( )

3 오른쪽 모양과 같은 모양의 물건을 찾아 기호를 써 보세요.

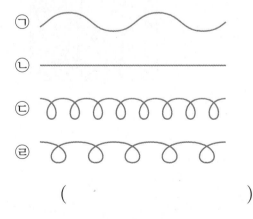

( )

4 가장 큰 수를 찾아 써 보세요.

| 37 | 42 | 40 |

( )

5 사탕을 민현이는 6개, 민주는 2개 가지고 있습니다. 민현이와 민주 중 누가 사탕을 더 많이 가지고 있을까요?

( )

6 긴 끈부터 차례대로 기호를 써 보세요.

㉠

㉡

㉢

㉣

( )

7 은호는 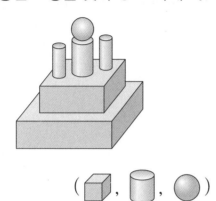 모양을 사용하여 다음과 같은 모양을 만들었습니다. 가장 많이 사용한 모양을 찾아 ○표 하세요.

(⬜ , 🗊 , ⚫)

8 작은 한 칸의 크기가 모두 같을 때 ㉠, ㉡, ㉢ 중 가장 좁은 것을 찾아 기호를 써 보세요.

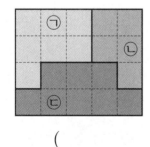

( )

9 수 카드의 수를 큰 수부터 늘어놓을 때 뒤에서 둘째에 놓이는 수는 얼마일까요?

| 2 | 5 | 4 | 9 | 1 |

( )

10 다음 주머니 안에 사탕이 5개 있습니다. 주머니 안에 사탕이 8개가 되려면 몇 개를 더 넣어야 할까요?

( )

11 사과를 주영이는 24개 땄고, 예지는 10개씩 묶음 2개와 낱개 6개를 땄습니다. 주영이와 예지 중 누가 사과를 더 많이 땄을까요?

( )

12 주어진 모양만 모두 사용하여 만든 모양의 기호를 써 보세요.

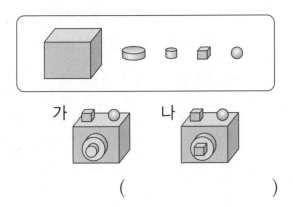

( )

13 은하와 재경이는 연필 6자루를 나누어 가지려고 합니다. 나누어 가지는 방법은 모두 몇 가지일까요? (단, 은하와 재경이는 연필을 적어도 한 자루씩은 가집니다.)

( )

14 같은 모양은 같은 수를 나타냅니다. ★에 알맞은 수를 구하세요.

$$7-5=▲, ▲+★=9$$

( )

15 다음에서 설명하는 수를 모두 구하세요.

• 17과 44 사이의 수입니다.
• 낱개의 수가 6입니다.

( )

16 실을 다음과 같이 점선을 따라 잘랐습니다. 실은 모두 몇 도막이 되었을까요?

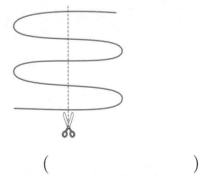

( )

17 ⬛, ⬛, ⬤ 모양 중 가와 나 모양에서 모두 찾을 수 있는 모양을 찾아 ○표 하세요.

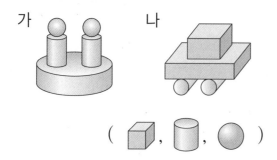

가   나

(⬛ , ⬛ , ⬤)

18 소은, 민영, 수빈이는 같은 아파트에 살고 있습니다. 세 사람 중 가장 낮은 층에 사는 사람은 누구인지 써 보세요.

> • 소은이는 3층에 살고 있습니다.
> • 민영이는 소은이보다 한 층 더 높은 곳에 살고 있습니다.
> • 수빈이는 민영이보다 두 층 더 낮은 곳에 살고 있습니다.

(   )

19 다음과 같은 두 카드 가와 나를 21과 31이 겹치도록 포개어 놓을 때, 같은 칸에서 가에 있는 수가 나에 있는 수보다 작은 칸은 모두 몇 개일까요?

가

21	43
32	16
17	28

나

31	45
30	26
18	22

(   )

20 ㉠에 알맞은 수를 구하세요.

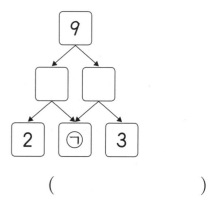

(   )

1 5는 오른쪽에서 몇째에 있을까요?

| 3 | 1 | 5 | 4 | 9 | 2 |

(   )

2 ⬤ 모양은 모두 몇 개일까요?

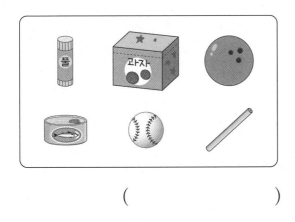

(   )

3 담을 수 있는 양이 더 많은 것을 찾아 기호를 써 보세요.

가   나

(   )

4 빈칸에 알맞은 수를 써넣으세요.

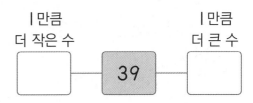

5 계산 결과가 <u>다른</u> 하나를 찾아 기호를 써 보세요.

| ㉠ 3+4 | ㉡ 2+5 |
| ㉢ 1+7 | ㉣ 4+3 |

(   )

6 작은 한 칸의 크기가 모두 같을 때, ㉮와 ㉯ 중 더 넓은 것은 어느 것일까요?

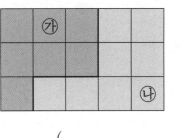

(   )

7 나타내는 수가 <u>다른</u> 하나는 어느 것일까요? ······················ (   )

① 5보다 1만큼 더 큰 수
② 육
③ 9보다 4만큼 더 작은 수
④ 여섯
⑤ 3보다 3만큼 더 큰 수

8 유아는 아래에서 넷째, 위에서 여섯째인 층에 살고 있습니다. 유아가 살고 있는 아파트는 몇 층까지 있을까요?

(   )

9 윤호와 민지네 집에 있는 물건입니다. ⬜, 🥫, ⚫ 모양 중에서 두 사람의 집에 모두 있는 모양을 찾아 ○표 하세요.

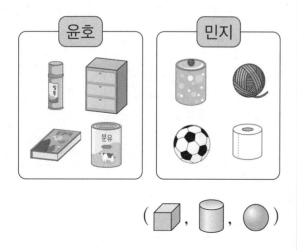

(⬜ , 🥫 , ⚫)

10 다음과 같이 나무에 가, 나, 다, 라 구슬을 똑같은 용수철에 묶어 매달았습니다. 가장 가벼운 구슬을 찾아 기호를 써 보세요.

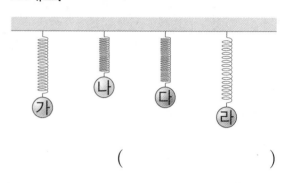

(   )

11 같은 모양은 같은 수를 나타냅니다. ■가 4일 때 ★은 얼마일까요?

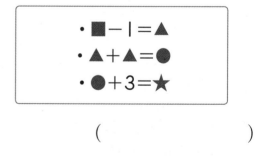

· ■－1＝▲
· ▲＋▲＝●
· ●＋3＝★

(   )

12 다음에서 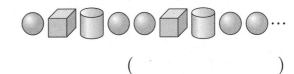 모양을 가장 많이 사용하여 만든 모양을 찾아 기호를 써 보세요.

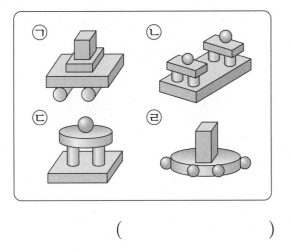

(   )

13 도하와 동생이 딸기 11개를 나누어 먹으려고 합니다. 도하가 동생보다 3개 더 많이 먹으려면 도하는 딸기를 몇 개 먹어야 할까요? (단, 도하와 동생은 딸기를 적어도 한 개씩은 가집니다.)

(   )

14 놀이터에 9명의 학생들이 놀고 있습니다. 그중 남학생 3명이 집으로 돌아가서 놀이터에 남은 남학생과 여학생의 수가 같아졌습니다. 놀이터에 남은 여학생은 몇 명일까요?

(   )

15 규칙에 따라 여러 가지 모양을 늘어놓은 것입니다. 모양을 17번째까지 늘어놓았을 때 늘어놓은 ⬭ 모양의 개수와 ⚫ 모양의 개수의 차는 몇 개일까요?

⚫⬛⬭⚫⚫⬛⬭⚫⚫ …

(   )

16 학생 8명이 달리기를 하고 있습니다. 하니는 6등으로 달리다가 3명을 앞질렀습니다. 하니 뒤에서 달리는 학생은 몇 명이 되었을까요?

(   )

17 다음을 읽고 물병, 수조, 주전자 중 물을 가장 적게 담을 수 있는 것은 어느 것인지 써 보세요.

> • 물병에 물을 가득 담아서 주전자에 3번 부으면 넘치지 않고 가득 찹니다.
> • 수조에 물을 가득 담아서 물병과 주전자에 부으면 모두 가득 채우고 수조에 물이 남습니다.

(   )

18 4장의 수 카드 중에서 2장을 골라 한 번씩만 사용하여 두 자리 수를 만들려고 합니다. 만들 수 있는 수 중에서 둘째로 큰 수를 써 보세요.

5   0   8   2

(   )

19 다음을 만족하는 어떤 수가 5개일 때, ☐ 안에 공통으로 들어갈 수 있는 수를 구하세요.

> 어떤 수는 ☐6보다 크고 3☐ 보다 작습니다.

(   )

20 한 줄에 있는 세 수를 모아서 9가 되도록 ◯ 안에 1부터 9까지의 수를 써넣으려고 합니다. ㉠에 알맞은 수를 구하세요.

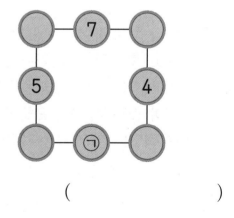

(   )

실전 예상문제 **4**회

○ 정답 및 풀이 **54**쪽

1 다음 중 모양이 <u>다른</u> 하나는 어느 것일까요? ························· (   )

①   ②   ③

④   ⑤

2 보기의 선보다 더 긴 것에 ○표 하세요.

보기

~~~~~~   (   )

────   (   )

3 빈칸에 알맞은 수를 써넣으세요.

-4

6 →

4 모으기를 하여 빈칸에 알맞은 수를 써넣으세요.

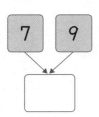

5 농구공을 왼쪽 수만큼 묶었을 때, 묶지 <u>않은</u> 것의 수를 세어 써 보세요.

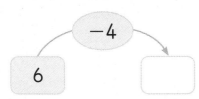

(   )

6 다음이 나타내는 수를 구하세요.

10개씩 묶음 2개와 낱개 17개인 수

(   )

7 오른쪽 모양과 같은 모양의 물건은 모두 몇 개일까요?

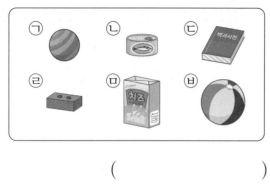

(　　　　　　　　)

8 가장 큰 수와 가장 작은 수의 합을 구하세요.

| 4 | 3 | 6 |

(　　　　　　　　)

9 왼쪽 냄비에 물을 가득 채우려고 합니다. ㉮와 ㉯ 두 컵에 물을 가득 담아 각각 부을 때 붓는 횟수가 더 많은 컵의 기호를 써 보세요.

(　　　　　　　　)

10 ☐ 안에 들어갈 수 있는 가장 작은 수를 구하세요.

☐은/는 5보다 큽니다.

(　　　　　　　　)

11 구슬을 지민이는 4개 가지고 있고, 수아는 지민이보다 3개 더 많이 가지고 있습니다. 수아가 가지고 있는 구슬은 몇 개일까요?

(　　　　　　　　)

12 수 배열표의 일부분이 찢어진 것입니다. 규칙을 찾아 ㉠에 알맞은 수를 구하세요.

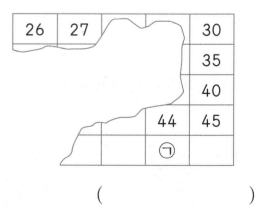

(　　　　　　　　)

13 민주는 친구들과 한 줄로 서 있습니다. 민주는 앞에서 셋째에 서 있고, 민주 바로 뒤에는 주혁이가 서 있습니다. 주혁이가 뒤에서 다섯째에 서 있을 때 줄을 서 있는 사람은 모두 몇 명일까요?

(   )

14 화살표의 규칙에 따라 ㉠에 알맞은 수를 구하세요.

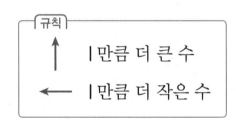

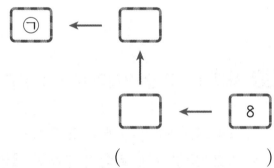

(   )

15 ㉮와 ㉯ 중에서 색칠한 부분이 더 넓은 것의 기호를 써 보세요.

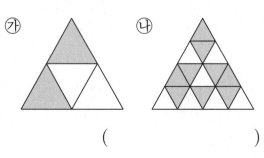

(   )

16 ⓪부터 ⑨까지의 수 카드가 한 장씩 있습니다. 이 수 카드 중에서 2장을 골라 한 번씩만 사용하여 두 자리 수를 만들려고 합니다. 만들 수 있는 수 중 24보다 크고 37보다 작은 두 자리 수는 모두 몇 개일까요?

(   )

17 ▨, ▤, ● 모양을 사용하여 다음과 같은 모양을 만들었더니 ▤ 모양이 2개, ● 모양이 2개 남았습니다. 만들기 전에 있던 모양 중 가장 많은 모양은 몇 개 있을까요?

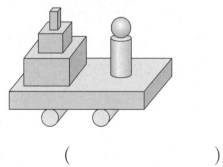

(   )

18 다음과 같이 놓여 있는 수 카드로 다음 활동을 차례대로 하였습니다. 이때 처음에 놓인 수 카드와 모든 활동을 한 후 놓인 수 카드에서 자리가 바뀌지 않은 수는 무엇일까요?

| 1 | 2 | 3 | 4 | 5 | 6 | 7 | 8 | 9 |

활동 1	왼쪽에서 여섯째 카드를 왼쪽 맨 앞으로 옮깁니다.
활동 2	왼쪽에서 셋째 카드와 다섯째 카드의 자리를 바꿉니다.
활동 3	왼쪽에서 넷째 카드를 오른쪽 맨 앞으로 옮깁니다.

( )

19 형과 동생이 과자 7봉지와 초콜릿 9개를 나누어 가지려고 합니다. 과자는 형이 더 많이 가지고, 초콜릿은 동생이 더 많이 가지려고 합니다. 형이 가진 과자와 초콜릿의 수가 같을 때 형이 가진 과자는 몇 봉지일까요? (단, 두 사람 모두 과자와 초콜릿을 적어도 하나씩은 가집니다.)

( )

20 사과 1개와 귤 2개의 무게가 같고, 귤 3개와 복숭아 2개의 무게가 같습니다. 양팔 저울의 왼쪽에 사과 3개를 올려놓고, 오른쪽에 복숭아 1개를 올려놓았을 때 양쪽의 무게가 같아지려면 오른쪽에 복숭아를 몇 개 더 올려놓아야 할까요? (단, 같은 과일의 무게는 서로 같습니다.)

( )

상위권 실력 완성

꼼꼼 풀이집

최고수준

초등

1-1

꼼꼼 풀이집

1 9까지의 수

1 ○○○○○

2 6 ; 여섯, 육

3 예 우리는 일 학년이야.

4 ㉢

5 예

6 예 병아리의 다리는 2개입니다.

1 5는 다섯이므로 ○를 다섯 개 그립니다.

2 오리를 세어 보면 하나, 둘, 셋, 넷, 다섯, 여섯이므로 6입니다. 6은 여섯 또는 육이라고 읽습니다.

3 '1학년'은 '일 학년'이라고 읽습니다.

4 ㉠, ㉡, ㉣: 3
　㉢: 4

> ┌ 참고 ─────────
> 　3(셋, 삼), 4(넷, 사)
> └────────────────

5 과자를 7개 묶고, 묶지 않은 것을 세어 보면 하나, 둘로 2개입니다.

6 2를 사용하여 상황에 맞는 문장을 만들어 봅니다.
　'내 눈은 2개입니다.' 등

1

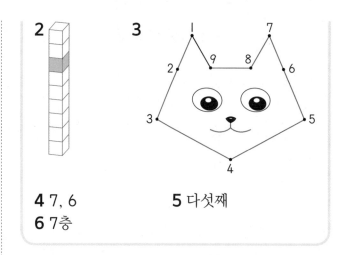

4 7, 6

5 다섯째

6 7층

1 5(다섯)은 수를 나타내므로 5개를 색칠하고, 다섯째는 순서를 나타내므로 다섯째에 있는 1개에만 색칠합니다.

2

　일곱째
　여섯째
　다섯째
　넷째
　셋째
　둘째
　첫째

(아래)

3 1 − 2 − 3 − 4 − 5 − 6 − 7 − 8 − 9 의 순서대로 선으로 잇습니다.

4 순서를 거꾸로 하여 수를 쓰면
　9, 8, 7, 6, 5, 4, 3, 2, 1입니다.

5

1	8	6	7	2	4	(오른쪽)

　다섯째 넷째 셋째 둘째 첫째

⇨ 8은 오른쪽에서 다섯째에 있습니다.

6 　⑦층 ◂
　6층
　5층　　3층 더 올라감
　④층 ◂
　3층
　2층
　1층

⇨ 정아네 집은 7층입니다.

꼼꼼 풀이집

STEP 1 Start 실전 개념 — 13쪽

1 (위부터) 3, 5 ; 0, 2

2 (예)

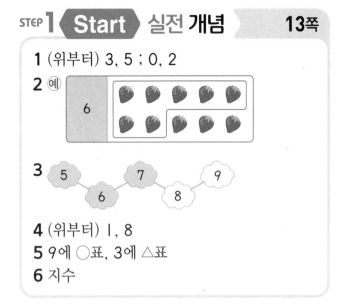

3

5 — 6 — 7 — 8 — 9

4 (위부터) 1, 8

5 9에 ○표, 3에 △표

6 지수

1 수를 작은 수부터 순서대로 쓸 때 ■보다 1만큼 더 작은 수는 ■ 바로 앞의 수이고, ■보다 1만큼 더 큰 수는 ■ 바로 뒤의 수입니다.

2 6보다 1만큼 더 큰 수는 7이므로 딸기를 7개 묶습니다.

3 수를 작은 수부터 순서대로 쓸 때 8보다 앞에 있는 수는 8보다 작은 수입니다.
⇨ 8보다 작은 수는 5, 6, 7입니다.

4

6 ——— 7 ——— 8
　　1만큼　　1만큼
　　더 큰 수　더 작은 수

5 수를 작은 수부터 순서대로 쓰면 3, 5, 6, 9입니다.
⇨ 가장 큰 수는 9이고, 가장 작은 수는 3입니다.

6 7이 5보다 크므로 지수가 연필을 더 많이 가지고 있습니다.

STEP 2 Jump 실전 유형 — 14~20쪽

유형 ❶ 3개

❶ 주머니 안에 구슬이 5개가 되도록 ○를 그려 봅니다.

❷ ❶에서 그린 ○가 ③ 개이므로 더 넣어야 하는 구슬은 ③ 개입니다.

1-1 4개

주머니 안에 사탕이 7개가 되도록 ○를 그려 보면 그린 ○는 4개이므로 더 넣어야 하는 사탕은 4개입니다.

1-2 5개

초콜릿이 9개가 되도록 ○를 그려 보면 그린 ○는 5개이므로 더 있어야 하는 초콜릿은 5개입니다.

유형❷ 둘째

❶ 학생 5명을 ○로 그린 것입니다. 키가 큰 사람부터 순서대로
한 줄로 섰을 때 태하를 찾아 색칠합니다.

첫째 둘째 셋째 넷째
(앞) ○ ○ ○ ● ○ (뒤)
둘째 첫째

❷ 태하는 모둠에서 키가 둘째 로 작습니다.

2-1 넷째

첫째 둘째 셋째
(앞) ○ ○ ● ○ ○ ○ (뒤)
넷째 셋째 둘째 첫째

⇨ 주혁이는 뒤에서 넷째에 서 있습니다.

2-2 일곱째 칸

둘째 첫째
(앞) ○ ○ ○ ○ ○ ○ ● ○ ○ (뒤)
↑ ↑
선아 동호
첫째 둘째 셋째 넷째 다섯째 여섯째 일곱째

⇨ 선아는 앞에서 일곱째 칸에 타고 있습니다.

유형❸ 다섯, 오

❶ 규칙에 따라 빈칸에 알맞은 수를 써넣으면

$$3 \xrightarrow[\text{더 큰 수}]{\text{1만큼}} 4 \xrightarrow[\text{더 큰 수}]{\text{1만큼}} 5$$

$$\downarrow {\text{1만큼}\atop\text{더 작은 수}}$$

$$4 \xrightarrow[\text{더 큰 수}]{\text{1만큼}} 5$$

이므로 ㉠에 알맞은 수는 5 입니다.

❷ ㉠에 알맞은 수를 두 가지로 읽어 보면
다섯 , 오 입니다.

3-1 여덟, 팔

규칙에 따라 빈칸에 알맞은 수를 써넣으면 ㉠에 알맞은 수는 8입니다.
8을 두 가지로 읽어 보면 여덟, 팔입니다.

유형④ 2

❶ 수 카드의 수를 작은 수부터 늘어놓으면

0, ⑴, ⑵, ⑸, 7입니다.

❷ 앞에서 셋째에 놓이는 수는 ⑵ 입니다.

4-1 6

수 카드의 수를 큰 수부터 늘어놓으면 8, 6, 5, 4, 3입니다.
➡ 뒤에서 넷째에 놓이는 수는 6입니다.

4-2 3, 4

수 카드의 수를 작은 수부터 늘어놓으면 0, 2, 3, 4, 7, 9입니다.
(앞) 0, ②, 3, 4, ⑦, 9
　　　　둘째　　　　다섯째
➡ 앞에서 둘째와 다섯째 사이에 놓이는 수는 3, 4입니다.

유형⑤ 4, 5

❶ 1과 6 사이의 수는 2, ⑶, ⑷, ⑸ 입니다.

❷ ❶에서 구한 수 중 3보다 큰 수는 ⑷, ⑸ 입니다.

> ┌ 참고 ─
> 1과 6 사이의 수에는 1과 6이 포함되지 않습니다.

5-1 4, 5, 6

3과 9 사이의 수는 4, 5, 6, 7, 8입니다.
이 중 7보다 작은 수는 4, 5, 6입니다.

5-2 5, 6, 7

• 4는 □보다 작으므로 □ 안에는 4보다 큰 수가 들어갈 수 있습니다.
→ ⑤, ⑥, ⑦, 8, 9, …
• □는 8보다 작으므로 □ 안에는 8보다 작은 수가 들어갈 수 있습니다.
→ ⑦, ⑥, ⑤, 4, 3, 2, 1, 0
➡ □ 안에 들어갈 수 있는 수는 5, 6, 7입니다.

유형⑥ 7명

❶ 진영이의 앞과 뒤에 서 있는 사람을 ○로 나타냅니다.

> (앞) ○ ○ ● ○ ○ ○ ○ (뒤)
> 　　　　　　　진영

❷ 줄을 서 있는 사람은 모두 ⑺ 명입니다.

6-1 9명

(앞) ○ ○ ○ ● ○ ○ ○ ○ ○ (뒤)
　　　　　　↑
　　　　　예나
➡ 줄을 서 있는 사람은 모두 9명입니다.

6-2 5명

(앞) ○ ● ○ ○ ○ (뒤)
    ↑
   주영

⇨ 달리기를 하고 있는 사람은 모두 5명입니다.

6-3 8층

(위)
○
○
○
○
○
● ← 연준이네 집
○
○
(아래)

⇨ 연준이가 살고 있는 아파트는 8층까지 있습니다.

유형 ⑦ 배구

❶ 5보다 1만큼 더 큰 수는 ⑥입니다.

❷ 한 팀의 사람 수를 각각 세어 보면
농구: ⑤명, 배구: ⑥명, 핸드볼: ⑦명입니다.

❸ 한 팀의 사람 수가 5보다 1만큼 더 큰 수인 운동은
배구입니다.

7-1 정글 탐험 보트

9보다 1만큼 더 작은 수는 8입니다.
놀이기구에 탄 사람 수를 각각 세어 보면
회전컵: 6명, 정글 탐험 보트: 8명, 허리케인: 9명입니다.
⇨ 놀이기구에 탄 사람 수가 9보다 1만큼 더 작은 수인 놀이기구는
정글 탐험 보트입니다.

STEP 3 Master 심화 유형　　　　　　21~25쪽

1　ⓛ, ⓒ

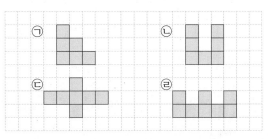

㉠ 6칸　　㉡ 7칸　　㉢ 7칸　　㉣ 8칸
⇨ 7칸을 색칠한 것은 ㉡, ㉢입니다.

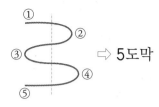

2 5도막

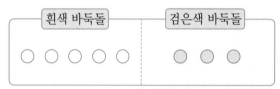 ⇨ 5도막

다른 풀이

가위로 잘린 곳이 4곳입니다. 한 번 자르면 2도막, 두 번 자르면 3도막,
세 번 자르면 4도막, 네 번 자르면 5도막이 됩니다.

3 풀이 참조 ; 8개

흰색 바둑돌 1개를 검은색 바둑돌 3개로 바꾸었으므로 흰색 바둑돌은 5개,
검은색 바둑돌은 3개입니다.
⇨ 소민이가 가지고 있는 바둑돌은 모두 8개가 되었습니다.

4 2명

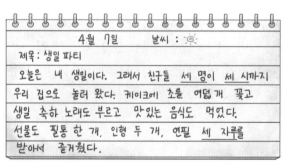

다섯째와 여덟째 사이에 서 있는 사람은 여섯째와 일곱째로 모두 2명입니다.

5 3번

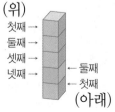

세 명, 세 시, 세 자루 ⇨ 3을 나타내는 말이 모두 3번 나옵니다.

┌ 참고 ─────────────────────
│ 여덟 개 ⇨ 8개, 한 개 ⇨ 1개, 두 개 ⇨ 2개
└──────────────────────────

6 둘째

(위)
첫째 →
둘째 →
셋째 →
넷째 →   ← 둘째
           ← 첫째
      (아래)

⇨ 위에서 넷째에 있는 쌓기나무는 아래에서 둘째에 있습니다.

7 2개

주어진 수를 작은 수부터 순서대로 쓰면 0, 1, 4, 6, 7, 9입니다.
⇨ 4와 8 사이의 수는 6, 7로 모두 2개입니다.

8 1개

5보다 1만큼 더 큰 수와 7보다 1만큼 더 작은 수는 6으로 같습니다.
⇨ 은하가 민영이에게 사탕을 1개 주면 두 사람이 가지고 있는 사탕 수는 6개로 같아집니다.

(다른 풀이)
민영: ○○○○○

은하: ○○○○○○○
하나씩 짝지으면 은하가 가진 사탕이 2개 남으므로 은하가 민영이에게 사탕을 1개 주면 두 사람이 가지고 있는 사탕 수가 같아집니다.

9 아쟁

각 악기의 줄 수만큼 ○로 나타냅니다.
거문고(6줄): ○○○○○○
해금(2줄)　: ○○
아쟁(8줄)　: ○○○○○○○○
⇨ 6, 2, 8 중 가장 큰 수는 8이므로 아쟁의 줄 수가 가장 많습니다.

10 7개

6보다 큰 수는 7, 8, 9, ...이고 이 중에서 8보다 작은 수는 7이므로 주오는 수학 문제를 7개 맞혔습니다.

참고
문제를 해결할 때 은수가 맞힌 수학 문제 수(5개)는 필요하지 않은 조건입니다.

11 6, 5, 4

↗ 방향으로 1씩 커지고, ↘ 방향으로 1씩 작아지는 규칙입니다.
⇨ 5보다 1만큼 더 큰 수는 6, 6보다 1만큼 더 작은 수는 5, 5보다 1만큼 더 작은 수는 4입니다.

12 태하

왼쪽에서 셋째로 쓴 수는 태하가 8, 지우가 5입니다.
⇨ 8이 5보다 크므로 왼쪽에서 셋째로 쓴 수가 더 큰 사람은 태하입니다.

13 승아

승아: 왼쪽에서 둘째 수는 4이고, 4보다 1만큼 더 작은 수는 3입니다.

14 7, 8

4보다 큰 수: 5, 6, ⑦, ⑧, 9, ...
9보다 작은 수: 0, 1, 2, 3, 4, 5, 6, ⑦, ⑧
6보다 큰 수: ⑦, ⑧, 9, ...
➡ □ 안에 들어갈 수 있는 수는 7, 8입니다.

15 7명

(앞) ○ ● ● ○ ○ ○ ○ (뒤)
         건우 윤아
➡ 줄을 서 있는 사람은 모두 7명입니다.

STEP 4 Top 최고 수준

26~29쪽

1 2개

❶ 각 점에 연결된 선의 개수를 세어 그림에 씁니다.

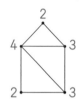

❷ 선이 3개 연결된 점은 모두 2개입니다.

| 문제해결 Key | ❶ 각 점에 연결된 선의 개수 세기 → ❷ 선이 3개 연결된 점의 개수 세기

2 0개

❶ 오빠에게 주고 남은 귤의 수는 3보다 2만큼 더 작은 수이므로 1개입니다.
❷ 진솔이가 먹고 남은 귤의 수는 1보다 1만큼 더 작은 수이므로 0개입니다.
   ➡ 지금 진솔이에게 남은 귤은 0개입니다.

| 문제해결 Key | ❶ 오빠에게 주고 남은 귤 수 구하기 → ❷ 진솔이에게 남은 귤 수 구하기

3 7개

❶ 미정이가 가위를 내어 이겼으므로 남규는 보를 낸 것입니다.
❷ 두 사람이 펼친 손가락을 세면 ○○○○○○○이므로 모두 7개입니다.
     가위   보

| 문제해결 Key | ❶ 남규가 무엇을 냈는지 알아보기 → ❷ 두 사람이 펼친 손가락 수 세기

4 5명

❶ 앞지르기 전: (앞) ○ ○ ○ ○ ○ ● ○ ○ ○ (뒤)
                                 주원

앞지른 후: (앞) ○ ○ ○ ● ○ ○ ○ ○ ○ (뒤)
                         주원

❷ 주원이 뒤에서 달리는 학생은 5명이 되었습니다.

| 문제해결 Key | ❶ 상황을 그림으로 그리기 → ❷ 주원이 뒤에서 달리는 학생 수 세기

5 3

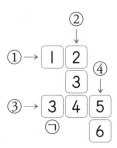

❶ ①은 I부터 2까지 순서대로 놓습니다.

❷ ②는 2부터 4까지 순서대로 놓습니다.

❸ ③은 둘째에 놓인 수가 4이므로 3, 4, 5의 순서대로 놓습니다.

❹ ④는 첫째에 놓인 수가 5이므로 둘째에는 5 다음 수인 6을 놓습니다.

⇨ ㉠에 놓이는 수는 3입니다.

|문제해결 Key| ❶ 가로로 I부터 순서대로 수 놓기 → ❷ 세로로 2부터 순서대로 수 놓기 → ❸ 가로로 둘째에 놓인 수가 4인 경우 수 채우기 → ❹ 빈칸을 모두 채워 ㉠에 놓이는 수 구하기

┌─ 참고 ─────────────────────────
│ 수 카드 중 3이 2장이므로 3은 두 번 놓습니다.
└───────────────────────────────

1 단원

6 4

❶ 거꾸로 생각하면 왼쪽으로 한 칸 갈 때마다 I씩 작아지고, 위쪽으로 한 칸 갈 때마다 2씩 커집니다.

❷
㉠	5		7
	3		5
	I	2	3

⇨ ㉠에 알맞은 수는 5보다 I만큼 더 작은 수인 4입니다.

|문제해결 Key| ❶ 거꾸로 생각하여 왼쪽으로 한 칸 갈 때와 위쪽으로 한 칸 갈 때의 규칙 알아보기 → ❷ ㉠에 알맞은 수 구하기

7 혜진

❶ 조건에 맞게 그림을 그리면 다음과 같습니다.

(앞) 환희   유준   혜진   정우   미애 (뒤)

❷ 앞에서 셋째에 서 있는 사람은 혜진입니다.

|문제해결 Key| ❶ 조건을 그림으로 그리기 → ❷ 앞에서 셋째에 서 있는 사람 알아보기

8 ㉠, ㉡

❶ 민주: 앞으로 4칸 간 후 뒤로 2칸 감 ⇨ 출발점에서 둘째 칸

❷ ㉠ 지우: 앞으로 I칸 간 후 앞으로 I칸 더 감 ⇨ 출발점에서 둘째 칸

   ㉡ 성희: 앞으로 2칸 ⇨ 출발점에서 둘째 칸

   ㉢ 하준: 앞으로 3칸 ⇨ 출발점에서 셋째 칸

   ㉣ 여은: 앞으로 6칸 ⇨ 출발점에서 여섯째 칸

   ㉤ 경아: 앞으로 5칸 간 후 출발점으로 되돌아 옴 ⇨ 출발점

❸ 민주의 말과 같은 위치에 있는 사람은 ㉠ 지우, ㉡ 성희입니다.

|문제해결 Key| ❶ 민주의 말 위치 알아보기 → ❷ 지우, 성희, 하준, 여은, 경아의 말의 위치를 각각 알아보기 → ❸ 민주의 말과 같은 위치에 있는 사람을 모두 찾기

9 3개

❶ 성냥개비를 사용하여 만든 수 6에서 성냥개비 한 개를 빼면 5를 만들 수 있습니다.

6 ⇨ 5

❷ 성냥개비를 사용하여 만든 수 6에서 성냥개비 한 개를 옮기면 0과 9를 만들 수 있습니다.

6 ⇨ 0, 6 ⇨ 9

❸ 만들 수 있는 수는 0, 5, 9로 모두 3개입니다.

| 문제해결 Key | ❶ 성냥개비 한 개를 빼서 만들 수 있는 수 알아보기 → ❷ 성냥개비 한 개를 옮겨서 만들 수 있는 수 알아보기 → ❸ 만들 수 있는 수의 개수 세기

건너뛰기

보기
동물들은 목에 걸린 번호표에 적힌 수만큼씩 뛴 곳의 징검다리(돌다리)만 밟고 건널 수 있습니다. 동물들은 밟고 지나가는 징검다리(돌다리)에 놓인 먹이만 먹을 수 있습니다.

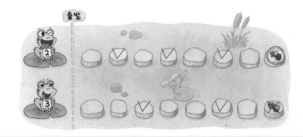

» 보기와 같은 방법으로 개구리들이 징검다리를 건너뛰어 파리를 잡아먹으려고 합니다. 개구리가 밟고 지나간 징검다리에 ∨표 하고 파리를 잡아먹을 수 있으면 파리에 ○표, 잡아먹을 수 없으면 ×표 하세요.

» 보기와 같은 방법으로 동물들이 돌다리를 건너뛰어 음식을 먹으려고 합니다. 동물들이 밟고 지나간 자리에 ∨표 하고 음식을 먹을 수 있으면 음식에 ○표, 먹을 수 없으면 ×표 하세요.

2 여러 가지 모양

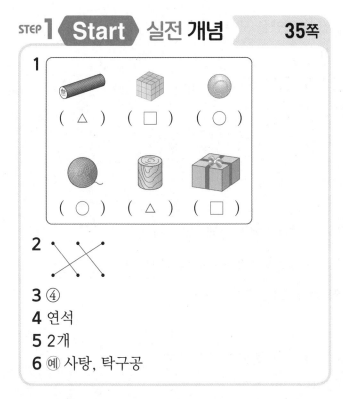

1
(△)　　(□)　　(○)

(○)　　(△)　　(□)

2

3 ④
4 연석
5 2개
6 예 사탕, 탁구공

---

1 ・📦 모양: 큐브, 선물 상자
　・🥫 모양: 김밥, 나무토막
　・⚪ 모양: 테니스공, 털실 뭉치

2 ・주사위, 서랍장: 📦 모양
　・케이크, 요요: 🥫 모양
　・구슬, 야구공: ⚪ 모양

3 ①, ②, ③, ⑤: 📦 모양
　④: ⚪ 모양

4 연석이는 📦 모양을 모았고, 아린이는 🥫 모양과 ⚪ 모양을 모았습니다.

5 🥫 모양은 도장, 물통으로 모두 2개입니다.

6 ⚪ 모양의 물건은 구슬, 농구공 등이 있습니다.

1 ㉡
2 승주
3
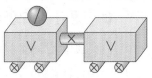

4 📦에 ○표, 6개
5 2개, 5개, 1개
6 예 상자, 냉장고

---

1 주어진 모양은 평평한 부분과 둥근 부분이 있으므로 🥫 모양입니다.
　⇨ 🥫 모양의 물건은 ㉡입니다.

2 📦 모양과 🥫 모양은 평평한 부분이 있어서 잘 쌓을 수 있지만 ⚪ 모양은 모든 부분이 다 둥글어서 쌓을 수 없습니다.

3 📦 모양: 모든 부분이 다 평평합니다.
　🥫 모양: 위아래가 평평합니다.
　⚪ 모양: 평평한 부분이 없습니다.

4 📦 모양을 6개 사용하여 만든 것입니다.

5 각각의 모양에 표시를 하면서 세어 봅니다.

📦 모양(∨표): 2개
🥫 모양(×표): 5개
⚪ 모양(/표): 1개

6 뾰족한 부분과 평평한 부분이 있는 모양은 📦 모양입니다.

유형❶ ◯에 ◯표

❶ 재민이가 가지고 있는 물건의 모양을 모두 찾으면
(◻ , ▯ , ◯) 모양입니다.

❷ 선아가 가지고 있는 물건의 모양을 모두 찾으면
(◻ , ▯ , ◯) 모양입니다.

❸ 두 사람이 모두 가지고 있는 모양은 (◻ , ▯ , ◯)
모양입니다.

1-1 ▯에 ◯표

• 호영이네 집에 있는 물건의 모양은 ◻ 모양과 ▯ 모양입니다.

• 은서네 집에 있는 물건의 모양은 ▯ 모양과 ◯ 모양입니다.

⇨ 두 사람의 집에 모두 있는 모양은 ▯ 모양입니다.

유형❷ 4개

❶ 왼쪽 모양은 뾰족한 부분과 평평한 부분이 있으므로
(◻ , ▯ , ◯) 모양입니다.

❷ 왼쪽 모양과 같은 모양의 물건을 모두 찾아 기호를 쓰면
⊙, ⊜, ⊎, ⊗ 이므로 모두 4 개입니다.

2-1 2개

왼쪽 모양은 평평한 부분과 둥근 부분이 있으므로 ▯ 모양입니다.

⇨ ▯ 모양의 물건은 ⊙, ⊚이므로 모두 2개입니다.

2-2 3개

민규가 설명하는 모양은 모든 부분이 다 둥글고 잘 굴러가므로 ◯ 모양입니다.

⇨ ◯ 모양의 물건은 ©, ⑩, ⊗이므로 모두 3개입니다.

유형❸ ▯에 ◯표

❶ 사용한 각 모양의 개수를 세어 보면
◻ 모양: 1 개, ▯ 모양: 3 개, ◯ 모양: 2 개
입니다.

❷ 가장 많이 사용한 모양은 (◻ , ▯ , ◯) 모양입니다.

참고

◻ 모양(∨표): 1개

▯ 모양(×표): 3개

◯ 모양(/표): 2개

3-1 ⬜에 ○표

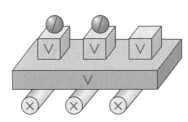

⬜ 모양(∨표): 4개, ⬛ 모양(×표): 3개, ⚪ 모양(/표): 2개

⇨ 4, 3, 2 중 가장 큰 수가 4이므로 가장 많이 사용한 모양은 ⬜ 모양입니다.

3-2 ㉡, ㉢, ㉠

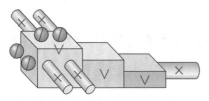

⬜ 모양(∨표): 3개, ⬛ 모양(×표): 5개, ⚪ 모양(/표): 4개

⇨ 3, 5, 4를 큰 수부터 차례대로 쓰면 5, 4, 3이므로 많이 사용한 모양부터 차례대로 기호를 쓰면 ㉡, ㉢, ㉠입니다.

유형❹ ⬜에 ○표

❶ (⚪ ⬜ , ⚪ ⬜ ⬜) 모양이 반복되는 규칙입니다.

❷ 빈칸에 들어갈 모양은 (⬜ , ⬛ , ⚪) 모양입니다.

┌─ 참고 ─────────────────────────────┐
⚪ ⬜ ⬜ / ⚪ ⬜ ⬜ / ⚪ ☐
└────────────────────────────────────┘

4-1 ⚪에 ○표

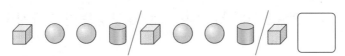

⬜ ⚪ ⚪ ⬛ 모양이 반복되는 규칙입니다.

⇨ 빈칸에 들어갈 모양은 ⚪ 모양입니다.

4-2 ㉡

⬛ ⚪ ⬜ 모양이 반복되는 규칙입니다.

⇨ 빈칸에 들어갈 모양은 ⬛ ⚪ 모양으로 ㉡입니다.

유형❺ 가

❶ 왼쪽 모양은

⬛ 모양: [1]개, ⬛ 모양: [3]개, ⬤ 모양: [4]개

입니다.

❷ 가 − ⬛ 모양: [1]개, ⬛ 모양: [3]개, ⬤ 모양: [4]개

나 − ⬛ 모양: [2]개, ⬛ 모양: [2]개, ⬤ 모양: [4]개

다 − ⬛ 모양: [1]개, ⬛ 모양: [4]개, ⬤ 모양: [3]개

❸ 왼쪽 모양을 모두 사용하여 만든 모양은 [가]입니다.

5-1 나

왼쪽 모양 − ⬛ 모양: 3개, ⬛ 모양: 4개, ⬤ 모양: 2개

가 − ⬛ 모양: 7개, ⬤ 모양: 2개

나 − ⬛ 모양: 3개, ⬛ 모양: 4개, ⬤ 모양: 2개

다 − ⬛ 모양: 3개, ⬛ 모양: 4개, ⬤ 모양: 3개

⇨ 왼쪽 모양만 모두 사용하여 만든 모양은 나입니다.

유형❻ 나

❶ 어느 방향으로도 잘 굴러가지 않는 모양은

(⬛ , ⬛ , ⬤) 모양입니다.

❷ ❶에서 찾은 모양의 개수를 각각 세어 보면

가는 [3]개, 나는 [1]개입니다.

❸ ❶에서 찾은 모양을 더 적게 사용하여 만든 모양은

[나]입니다.

6-1 가

잘 쌓을 수도 있고 잘 굴릴 수도 있는 모양은 ⬛ 모양입니다. ⬛ 모양의 개수를 각각 세어 보면 가는 2개, 나는 3개입니다.

⇨ 2는 3보다 작은 수이므로 ⬛ 모양을 더 적게 사용하여 만든 모양은 가입니다.

유형❼

㉠ 쌓을 수도 있고, 굴릴 수도 있습니다.

❶ 탬버린, 북, 소고에서 모두 찾을 수 있는 모양은

(⬛ , ⬛ , ⬤) 모양입니다.

❷ ❶에서 찾은 모양은 평평한 부분과 둥근 부분이 있어서

쌓을 수 (있고, 없고), 굴릴 수 (있습니다, 없습니다).

7-1 ㉠ 뾰족한 부분과 평평한 부분이 있습니다.

냉장고, 전자레인지, 세탁기에서 모두 찾을 수 있는 모양은 ⬛ 모양입니다.

⬛ 모양은 뾰족한 부분과 평평한 부분이 있습니다. 또 어느 방향으로도 잘 굴러가지 않습니다.

1 풀이 참조

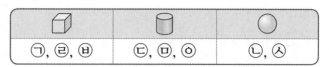

| ㉠, ㉣, ㉫ | ㉢, ㉬, ㉭ | ㉡, ㉳ |

▱ 모양: 책, 화장지 상자, 서랍장

▯ 모양: 북, 모기약, 음료수 캔

◯ 모양: 농구공, 수박

2 풀이 참조

평평한 부분이 있는 것	평평한 부분이 없는 것
㉠, ㉢, ㉣, ㉬, ㉫, ㉭	㉡, ㉳

평평한 부분이 있는 것: ▱ 모양, ▯ 모양

평평한 부분이 없는 것: ◯ 모양

3 풀이 참조

잘 굴러가는 것	잘 굴러가지 않는 것
㉡, ㉢, ㉬, ㉳, ㉭	㉠, ㉣, ㉫

잘 굴러가는 것: ▯ 모양, ◯ 모양

잘 굴러가지 않는 것: ▱ 모양

4 ▯에 ◯표

· 가에서 찾을 수 있는 모양은 ▱ 모양과 ▯ 모양입니다.

· 나에서 찾을 수 있는 모양은 ▯ 모양과 ◯ 모양입니다.

⇨ 가와 나 모양에서 모두 찾을 수 있는 모양은 ▯ 모양입니다.

5 3개

N서울타워 모양을 만들려면 ▯ 모양이 4개 필요한데 도윤이는 ▯ 모양이
1개 부족했습니다.

⇨ 4보다 1만큼 더 작은 수는 3이므로 도윤이가 가지고 있는 ▯ 모양은 3개
입니다.

6 ㉡, ㉣

주어진 모양은 🥫 모양입니다.

🥫 모양은 평평한 부분과 둥근 부분이 있고 눕히면 잘 굴러갑니다.

> **참고**
>
> ── 평평한 부분이 있음
>
> ── 둥근 부분이 있어 눕히면 잘 굴러감

7 ㉡

사용한 🎲 모양을 각각 세어 보면 ㉠: 2개, ㉡: 3개, ㉢: l개입니다.

⇨ 🎲 모양을 가장 많이 사용하여 만든 모양은 ㉡입니다.

8

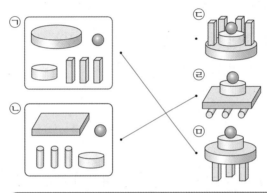

	㉠	㉡	㉢	㉣	㉤
🎲 모양	3개	l개	4개	l개	3개
🥫 모양	2개	4개	2개	4개	2개
⚫ 모양	l개	l개	l개	l개	l개

9 🎲에 ○표

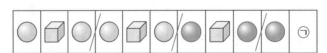

⚫ 🎲 ⚫ 모양이 반복되는 규칙입니다.

⇨ ㉠에 들어갈 모양은 🎲 모양입니다.

10 승아

가 ─ 🎲 모양: l개, 🥫 모양: 3개, ⚫ 모양: 2개

나 ─ 🎲 모양: 2개, 🥫 모양: l개, ⚫ 모양: 3개

⇨ 태민: ⚫ 모양은 가보다 나에 더 많이 있습니다.

11 현수, 1개

평평한 부분이 없는 모양은 ⚪ 모양입니다.

⚪ 모양의 개수를 각각 세어 보면 신주는 1개, 현수는 2개입니다.

➡ 2는 1보다 1만큼 더 큰 수이므로 현수가 신주보다 ⚪ 모양을 1개 더 많이 사용하였습니다.

2
단원

1 풀이 참조

(설명) (예) 잘 굴러가게 하려면 바퀴에 둥근 부분이 있어야 합니다. 따라서 자동차가 잘 굴러갈 수 있도록 바퀴 부분을 🛢 모양으로 고칩니다.

❶ 📦 모양은 평평한 부분만 있고 둥근 부분이 없어서 잘 굴러가지 않습니다.

❷ 바퀴 부분을 둥근 부분이 있도록 바꿉니다.

| 문제해결 Key | ❶ 자동차가 잘 굴러가지 않는 까닭 알아보기 → ❷ 어떻게 고쳐야 하는지 쓰기

2 태하

❶ 승아: 작품에서 🛢 모양을 찾을 수 있습니다.

태하: 모든 부분이 둥근 모양은 ⚪ 모양이고, 이 작품에서 ⚪ 모양은 사용하지 않았습니다.

❷ 잘못 설명한 학생은 태하입니다.

| 문제해결 Key | ❶ 작품을 보고 설명이 맞는지 알아보기 → ❷ 잘못 설명한 학생 찾기

3 ㉢

❶ 모든 부분이 둥글고 잘 굴러가는 모양은 ⚪ 모양입니다.

❷ 사용한 ⚪ 모양을 각각 세어 보면 ㉠: 4개, ㉡: 3개, ㉢: 5개입니다.

❸ ⚪ 모양을 가장 많이 사용한 것은 ㉢입니다.

| 문제해결 Key | ❶ 모든 부분이 둥글고 잘 굴러가는 모양 알아보기 → ❷ ❶에서 찾은 모양의 개수 세어 보기 → ❸ ❶에서 찾은 모양을 가장 많이 사용한 모양 찾기

4 5개

❶ 🛢 모양과 📦 모양을 번갈아 가며 쌓은 규칙입니다.

❷
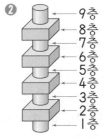

➡ 9층까지 쌓았을 때, 사용한 🛢 모양은 모두 5개입니다.

| 문제해결 Key | ❶ 탑을 쌓은 규칙 찾기 → ❷ 9층까지 쌓았을 때 사용한 🛢 모양의 개수 알아보기

꼼꼼 풀이집

5　2개

❶ ⬤🥫⬤⬜ 모양이 반복되는 규칙입니다.

❷ 빈칸에 들어갈 모양은 🥫 모양입니다.

❸ 🥫 모양과 같은 모양의 물건을 찾으면 ㉢ 화장지, ㉣ 음료수 캔으로 모두 2개입니다.

|문제해결 Key| ❶ 규칙 찾기 → ❷ 빈칸에 들어갈 모양 찾기 → ❸ ❷에서 찾은 모양과 같은 모양의 물건 찾기

6　㉢

❶ 태하는 🥫 모양인 풀을 가졌습니다.

❷ 태하가 🥫 모양을 가졌으므로 민규는 ⬜ 모양인 주사위를 가졌습니다.

❸ 세 사람이 서로 다른 물건을 가졌으므로 지우는 ⬤ 모양인 구슬을 가졌습니다.

|문제해결 Key| ❶ 태하가 가진 물건 찾기 → ❷ 민규가 가진 물건 찾기 → ❸ 지우가 가진 물건 찾기

7　4개

❶ 만든 모양에서 ⬜ 모양은 3개, 🥫 모양은 3개, ⬤ 모양은 2개가 사용되었습니다.

❷ 만들기 전에 있던 ⬜ 모양은 3개, 🥫 모양은 4개, ⬤ 모양은 3개입니다.

❸ ❷에서 가장 많은 모양은 🥫 모양으로 4개입니다.

|문제해결 Key| ❶ 만든 모양에서 각 모양의 개수 세어 보기 → ❷ 만들기 전에 있던 각 모양의 개수 알아보기 → ❸ ❷에서 가장 많은 모양의 개수 알아보기

8　5가지

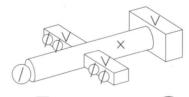

❶ ⬜ 모양(∨표) 3개, 🥫 모양(×표) 1개, ⬤ 모양(/표) 5개를 사용하여 만든 모양입니다.

❷ 같은 모양에는 서로 다른 색을 칠해야 하므로 가장 많이 사용한 ⬤ 모양을 색칠하는 데 5가지 색이 사용됩니다.

❸ ❷에서 사용한 5가지 색 중에서 골라 다른 모양을 색칠해야 가장 적은 색을 사용하게 되므로 색을 가장 적게 사용하여 모두 색칠한다면 5가지 색이 필요합니다.

|문제해결 Key| ❶ 만든 모양에서 각 모양의 개수 세어 보기 → ❷ 가장 많이 사용한 모양 찾기 → ❸ 필요한 색의 가짓수 알아보기

사용하지 않은 블록 찾기

1 규연이가 블록으로 만든 사람입니다. 규연이가 사용하지 <u>않은</u> 블록을 찾아 ×표 하세요.

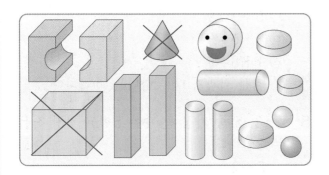

길 찾기

≫ 토끼가 규칙에 따라 길을 지나가면 어떤 동물들을 만날 수 있는지 길을 따라 선을 그어 보세요.

- 한 번 지나간 길을 다시 지나가면 안 됩니다.
- 가로 또는 세로 방향으로만 지나가야 합니다.

2

3

3 덧셈과 뺄셈

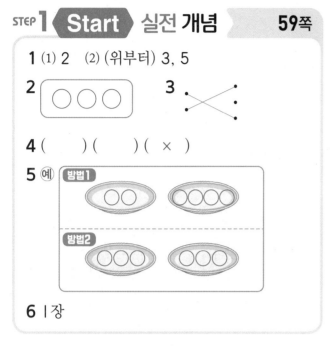

1 (1) 2 (2) (위부터) 3, 5

6 1장

1 (1) 1과 1을 모으면 2입니다.
  (2) 2와 3을 모으면 5입니다.

2 8은 5와 3으로 가를 수 있으므로 빈칸에 ○를 3개 그립니다.

3 3과 4, 5와 2를 모으면 7입니다.

4 두 수를 모아 9가 아닌 것을 찾습니다.

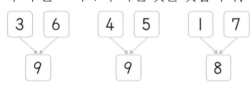

5 6은 0과 6, 1과 5, 2와 4, 3과 3, 4와 2, 5와 1, 6과 0으로 가를 수 있습니다.

6 5는 4와 1로 가를 수 있으므로 동생은 색종이를 1장 가져야 합니다.

1 예 3+1=4 ;
  예 3 더하기 1은 4와 같습니다.
2 (○) (   )
3 8   **4** ㉠
5 8   **6** 9대

1 '3과 1의 합은 4입니다.'라고 읽을 수도 있습니다. 또는 덧셈식을 '1+3=4'라 쓰고 '1 더하기 3은 4와 같습니다.' 또는 '1과 3의 합은 4입니다.'라고 읽을 수도 있습니다.

2 그림으로 나타내 알아봅니다.
  • ●●●○○○
    ⇨ 3+3=6
  • ●●●●○○
    ⇨ 4+2=6

3 6+2=8

4 ㉠ 4+3=7
  ㉡ 6+3=9
  ㉢ 3+6=9
  ㉣ 1+8=9
  ⇨ 계산 결과가 다른 하나는 ㉠입니다.

5 4, 3, 5 중 가장 큰 수는 5이고 가장 작은 수는 3입니다.
  ⇨ 5+3=8

6 (주차장에 있는 차의 수)=7+2=9(대)

1 7-2=5 ;
  예 7 빼기 2는 5와 같습니다.
2 (1) 5 ; 1, 5 (또는 5, 1) (2) 4 ; 8, 4, 4
3 9
4 (○) (   ) (   )
5 4+3=7 (또는 3+4=7) ;
  7-4=3 (또는 7-3=4)
6 3개

1 '7과 2의 차는 5입니다'라고 읽을 수도 있습니다.

2 (1) 6은 1과 5로 가를 수 있으므로 6에서 1을 빼면 5가 남습니다.

(2) 8은 4와 4로 가를 수 있으므로 8에서 4를 빼면 4가 남습니다.

3 3과 6으로 가를 수 있는 수는 9이므로 □=9입니다.

(다른 풀이)
□-3=6 ⇨ 6+3=□, □=9

4 0+5=5, 8-8=0, 3-0=3
⇨ 5, 0, 3 중에서 가장 큰 수는 5입니다.

5 덧셈식, 뺄셈식을 2가지씩 만들 수 있습니다.

6 🛢 모양: 4개, ⚪ 모양: 1개
⇨ 4-1=3(개)

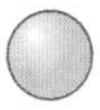

STEP 2 Jump 실전 유형   64~70쪽

3 단원

유형❶ 3

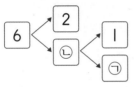

❶ 6은 2와 [4] (으)로 가를 수 있으므로 ㉡=[4] 입니다.

❷ 4는 1과 [3] (으)로 가를 수 있으므로 ㉠=[3] 입니다.

1-1 6

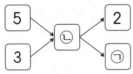

5와 3을 모으면 8이므로 ㉡=8입니다.
⇨ 8은 2와 6으로 가를 수 있으므로 ㉠=6입니다.

1-2 9

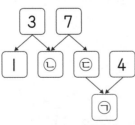

• 3은 1과 2로 가를 수 있으므로 ㉡=2입니다.
• 7은 2와 5로 가를 수 있으므로 ㉢=5입니다.
⇨ 5와 4를 모으면 9이므로 ㉠=9입니다.

정답 및 풀이 • **21**

**유형 ② ** 5+4=9
또는 4+5=9

❶ 합이 가장 크려면 가장 큰 수와 둘째로 큰 수를 더해야
합니다.
수 카드의 수 중 가장 큰 수는 5 이고 둘째로 큰 수는 4
입니다.

❷ 합이 가장 큰 덧셈식은 5 + 4 = 9 입니다.
(또는 4+5=9)

**2-1 ** 8-1=7

차가 가장 크려면 가장 큰 수에서 가장 작은 수를 빼야 합니다. 가장 큰 수는
8이고 가장 작은 수는 1이므로 차가 가장 큰 뺄셈식은 8-1=7입니다.

**2-2 ** 4-1=3 ;
8-5=3

(큰 수)-(작은 수)=3이 되는 뺄셈식을 만들면 4-1=3, 8-5=3입니다.

**유형 ❸ ** 4가지

❶ 성수와 동생이 나누어 가지는 방법을 알아봅니다.

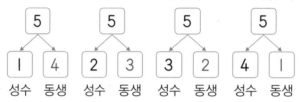

❷ 성수와 동생이 나누어 가지는 방법은 모두 4 가지입니다.

**3-1 ** 6가지

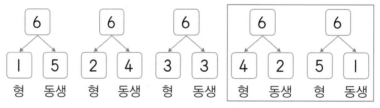

⇨ 승민이와 선영이가 지우개를 나누어 가지는 방법은 모두 6가지입니다.

**3-2 ** 2가지

⇨ 형이 동생보다 과자를 더 많이 가질 수 있는 방법은 모두 2가지입니다.

**유형 ❹ ** 8개

❶ 지우는 민규보다 구슬이 2개 더 많으므로 가지고 있는 구슬은
3+ 2 = 5 (개)입니다.

❷ 민규와 지우가 가지고 있는 구슬은 모두
3 + 5 = 8 (개)입니다.
(또는 5+3=8)

4-1 5명

남학생은 2+1=3(명)입니다.
⇨ 승수네 모둠 학생은 모두 2+3=5(명)입니다.

4-2 진우

두 수의 합이 호영이는 3+4=7, 진우는 1+8=9입니다.
⇨ 9가 7보다 크므로 놀이에서 이긴 사람은 진우입니다.

유형❺ 2

❶ 2+3=⑤이므로 ●=⑤입니다.

❷ ⑤+▲=7에서 5와 더해서 7이 되는 수는 ②이므로
▲=②입니다.

5-1 3

9−2=7이므로 ■=7입니다.
7−★=4에서 7에서 몇을 빼어 4가 되는 수는 3이므로 ★=3입니다.

5-2 8

■+■=▲ ⇨ 3+3=6이므로 ▲=6입니다.
▲+■=◉ ⇨ 6+3=9이므로 ◉=9입니다.
◉−1=♥ ⇨ 9−1=8이므로 ♥=8입니다.

5-3 1

4+◆=9에서 4와 더해서 9가 되는 수는 5이므로 ◆=5입니다.
5−♥=4에서 5에서 몇을 빼어 4가 되는 수는 1이므로 ♥=1입니다.

유형❻ 2개

❶ 가 접시에 있는 귤이 나 접시에 있는 귤보다 7−3=④(개)
더 많습니다.
❷ 4는 똑같은 두 수 2와 ②(으)로 가를 수 있으므로
귤의 수가 같아지려면 가 접시에서 나 접시로 귤을 ②개
옮겨야 합니다.

6-1 4마리

가 어항의 금붕어가 나 어항의 금붕어보다 9−1=8(마리) 더 많습니다.
8은 똑같은 두 수 4와 4로 가를 수 있으므로 금붕어의 수가 같아지려면
가 어항에서 나 어항으로 금붕어를 4마리 옮겨야 합니다.

6-2 3개

공깃돌을 성연이가 주미보다 8−2=6(개) 더 많이 가지고 있습니다. 6은 똑
같은 두 수 3과 3으로 가를 수 있으므로 공깃돌의 수가 같아지려면 성연이는
주미에게 공깃돌을 3개 주어야 합니다.

유형 ⑦ 5번

❶ 계이름 '도'는 7 번, '레'는 2 번 나옵니다.

❷ 계이름 '도'는 '레'보다 7 − 2 = 5 (번) 더 나옵니다.

7-1 4번

계이름 '레'는 6번, '솔'은 2번 나옵니다.
계이름 '레'는 '솔'보다 6−2=4(번) 더 나옵니다.

7-2 3장

꽃잎을 세어 보면 코스모스는 8장, 무궁화는 5장, 백합은 6장입니다.
꽃잎이 코스모스가 8장으로 가장 많고 무궁화가 5장으로 가장 적습니다.
➪ 코스모스가 무궁화보다 8−5=3(장) 더 많습니다.

STEP 3 **Master** 심화 유형

71~75쪽

1 ㉡

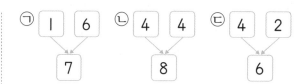

2 (왼쪽부터)
9, 8, 2

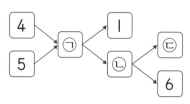

• 4와 5를 모으면 9이므로 ㉠=9입니다.
• 9는 1과 8로 가를 수 있으므로 ㉡=8입니다.
• 8은 2와 6으로 가를 수 있으므로 ㉢=2입니다.

3 2에 ×표

6̶+3+2=5 (×), 6+3̶+2=8 (×), 6+3+2̶=9 (○)
➪ 필요 없는 수는 2입니다.

4 풀이 참조

㈎ 운동장에 남학생이 8명, 여학생이 2명 있습니다. 운동장에 있는 남학생은
여학생보다 6명 더 많습니다.

5 4층

층수가 가장 많은 석탑은 9층 석탑이고, 가장 적은 석탑은 5층 석탑입니다.
➪ 9−5=4(층)

6 ㉖ $4+2=6,$
$3+3=6$;
㉖ $6-2=4,$
$4-0=4$

- 합이 6인 덧셈식:
  $1+5=6, 2+4=6, 3+3=6, 4+2=6, 5+1=6, 6+0=6, 0+6=6$
- 차가 4인 뺄셈식:
  $4-0=4, 5-1=4, 6-2=4, ...$

7

1	4	3	6
7	5	6	4
4	4	3	7
7	1	6	2

모아서 8이 되는 두 수는 1과 7, 2와 6, 3과 5, 4와 4, 5와 3, 6과 2, 7과 1
입니다.

8 노

$3-3=0$	$1+0=1$	$0+2=2$
$0+0=0$	$7-7=0$	$2-2=0$
$5-0=5$	$1-1=0$	$4+0=4$
$0-0=0$	$5-5=0$	$9-9=0$

계산 결과가 0이 되는 경우는 전체에서 전체를 빼거나 0끼리만 더하거나 뺄 때
입니다.

9 7가지

8을 두 수로 가르기 해 봅니다.

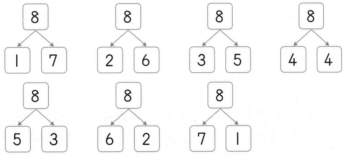

⇨ 감자를 나누어 가지는 방법은 모두 7가지입니다.

10 4장

다현이에게 주고
남은 색종이

현수가 처음에 가지고
있던 색종이

현수에게 남은 색종이가 2장이면 다현이에게 준 색종이도 2장이므로 현수가
처음에 가지고 있던 색종이는 $2+2=4$(장)입니다.

(다른 풀이)

현수에게 남은 색종이가 2장이면 다현이에게 준 색종이도 2장이므로 현수가
처음에 가지고 있던 색종이의 수를 □장이라 하면
$□-2=2 ⇨ 2+2=□, □=4$

3
단원

11 5, 3

합이 8이 되는 두 수는 0과 8, 1과 7, 2와 6, 3과 5, 4와 4입니다.
이 중 차가 2인 두 수는 3과 5이고 ▲는 ●보다 크므로 ▲=5, ●=3입니다.

12 7개

(보, 가위) ⇨ 가위가 이겼으므로 펼친 손가락은 2개입니다.
(가위, 바위) ⇨ 바위가 이겼으므로 펼친 손가락은 0개입니다.
(바위, 보) ⇨ 보가 이겼으므로 펼친 손가락은 5개입니다.
따라서 이긴 학생들의 펼친 손가락은 모두 2+5=7(개)입니다.

13 5

8은 똑같은 두 수 4와 4로 가를 수 있으므로 ㉠, ㉡, ㉢, ㉣에 알맞은 수 중에서 세 개가 같은 경우는 다음과 같습니다.

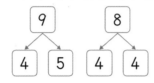

⇨ 다른 수는 5입니다.

14 2명

(놀이터에 남은 어린이의 수)=7−3=4(명)
4는 똑같은 두 수 2와 2로 가를 수 있으므로 놀이터에 남은 여자 어린이는 2명입니다.

[다른 풀이]
그림으로 알아봅니다.

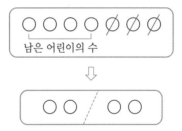

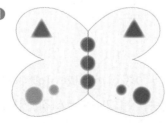

4는 똑같은 두 수 2와 2로 가를 수 있으므로 놀이터에 남은 여자 어린이는 2명입니다.

STEP 4 Top 최고 수준

76~79쪽

1 5개

❶
데칼코마니를 완성하였을 때 ○ 모양은 7개이고, △ 모양은 2개입니다.
❷ ○ 모양은 △ 모양보다 7−2=5(개) 더 많습니다.

│문제해결 Key│ ❶ 데칼코마니를 완성하였을 때의 ○ 모양과 △ 모양의 개수 각각 구하기
→ ❷ ○ 모양과 △ 모양의 개수의 차 구하기

2 4개

❶ 수 카드로 만들 수 있는 차가 4인 뺄셈식:
8−4=4, 7−3=4, 6−2=4, 5−1=4
❷ 만들 수 있는 뺄셈식은 모두 4개입니다.

| 문제해결 Key | ❶ 차가 4인 뺄셈식 만들기 → ❷ ❶에서 만든 뺄셈식은 모두 몇 개인지 구하기

3 3개

❶
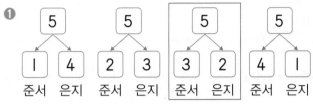

❷ 준서가 3개, 은지가 2개 가질 때 준서가 은지보다 1개 더 많이 가지게 됩니다.

| 문제해결 Key | ❶ 5를 두 수로 가르기 → ❷ ❶에서 구한 두 수 중에서 조건에 맞는 두 수 찾기

4 2

❶ 아래에서부터 거꾸로 생각하여 7이 되는 경우를 찾습니다.
• ㉠=0일 때

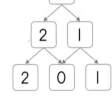
→ 맨 위의 수가 7이 아닙니다.

• ㉠=1일 때

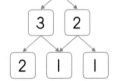
→ 맨 위의 수가 7이 아닙니다.

• ㉠=2일 때

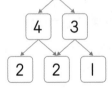
→ 조건에 맞으므로 ㉠=2입니다.

• ㉠=3일 때

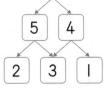
→ 맨 위의 수가 7이 아닙니다.

❷ ㉠에 알맞은 수는 2입니다.

| 문제해결 Key | ❶ ㉠=0, 1, 2, 3일 때의 경우 각각 알아보기 → ❷ ㉠에 알맞은 수 구하기

5 ㉢

❶ ㉠, ㉡, ㉢에서 □ 안에 알맞은 수를 각각 구하면 다음과 같습니다.
㉠ 3+2=⑤
㉡ 7−④=3
㉢ 0+⑥=6

❷ 5, 4, 6 중에서 가장 큰 수는 6입니다.

┌─참고─────────────────────────────────┐
│ ㉡ 7−□=3   │
│   ⇨ 7−3=□, □=4   │
└──────────────────────────────────────┘

|문제해결 Key| ❶ □ 안에 알맞은 수 각각 구하기 → ❷ 가장 큰 수 구하기

6 5개

❶ 동규가 사탕 2개를 서희에게 준 후 동규와 서희가 가진 사탕의 수

동규와 서희가 처음에 나누어 가진 사탕의 수

❷ 동규가 처음에 나누어 가진 사탕은 5개입니다.

|문제해결 Key| ❶ 그림으로 나타내기 → ❷ 동규가 처음에 나누어 가진 사탕의 수 구하기

7 0

❶ 어떤 수를 □라 하여 덧셈식을 만들면 □+2=6입니다.

❷ 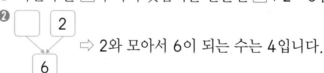 ⇨ 2와 모아서 6이 되는 수는 4입니다.

❸ 어떤 수는 4이므로 어떤 수에서 4를 빼면 4−4=0입니다.

|문제해결 Key| ❶ 어떤 수를 □라 하여 덧셈식 만들기 → ❷ 모으기를 이용하여 □의 값 구하기
→ ❸ 어떤 수에서 4를 뺀 값 구하기

8

❶ 유하가 던진 두 주사위의 눈의 수의 합은 6+2=8입니다.
❷ 승아가 던진 두 주사위의 눈의 수의 합도 8이므로 승아가 던진 주사위의
나머지 눈의 수는 8−3=5입니다.
❸ 빈칸에 주사위의 눈을 5개 그립니다.

|문제해결 Key| ❶ 유하가 던진 주사위의 눈의 수의 합 구하기 → ❷ 승아가 던진 주사위의 나머지
눈의 수 구하기 → ❸ 빈칸에 알맞은 눈의 수 그리기

9 3권

❶ 형이 동생보다 공책을 더 많이 가지도록 나누는 경우는 다음 중 한 가지입니다.

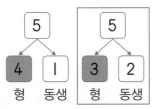

❷ 형이 동생보다 연필을 더 적게 가지도록 나누는 경우는 다음 중 한 가지입니다.

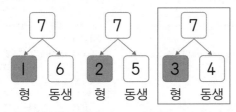

❸ 형이 가진 공책과 연필의 수가 같을 때는 3일 때이므로 형이 가진 공책은 3권입니다.

| 문제해결 Key | ❶ 형이 동생보다 공책을 더 많이 가지는 경우 알아보기 → ❷ 형이 동생보다 연필을 더 적게 가지는 경우 알아보기 → ❸ 형이 가진 공책의 수 구하기

10 1, 2, 4, 3

❶ ㉠과 ㉠을 모으면 ㉡이므로 ㉠이 될 수 있는 수는 1 또는 2입니다.

❷ • ㉠=1일 때

1과 1을 모으면 2이므로 ㉡=2입니다.

1과 2를 모으면 3이므로 ㉢=3입니다.

1과 3으로 가를 수 있는 수는 4이므로 ㉢=4입니다.

• ㉠=2일 때

2와 2를 모으면 4이므로 ㉡=4입니다.

2와 4를 모으면 6이므로 조건에 맞지 않습니다.

⇨ ㉠=1, ㉡=2, ㉢=4, ㉣=3

| 문제해결 Key | ❶ ㉠이 될 수 있는 수 알아보기 → ❷ ㉠의 수에 따라 ㉡, ㉢, ㉣ 각각 구하기

사다리타기

❶ 민호와 친구들이 사다리를 타면서 지나가는 길에 놓인대로 수들을 계산하려고 합니다. 다음 규칙에 따라 해 보세요.

┌─ 규칙 ─────────────────────────────────┐
① 출발점에서 아래로 내려가다 만나는 다리는 반드시 건너야 합니다.
② 한 번 온 길로는 되돌아갈 수 없습니다.
③ 수 카드의 수와 지나가는 길에 있는 덧셈과 뺄셈을 차례대로 모두 식을 세우고 계산합니다.
④ ◯에는 도착한 사람의 이름을 쓰고, ▭에는 계산한 결과를 씁니다.
└────────────────────────────────────┘

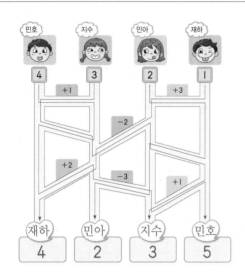

❷ 두더지가 땅 속에 창고를 만들어 고구마를 모아 두려고 합니다. 다음 방법에 따라 움직인다면 몇 번 길로 들어가야 고구마를 가장 많이 모을 수 있을까요? (단, 고구마에 적힌 숫자는 고구마의 개수입니다.)

┌─ 방법 ─────────────────────────────────┐
① 땅 위에서 출발하여 땅 속 창고가 나올 때까지 아래로 움직입니다.
② 아래로 내려가다 만나는 두 갈래 길에서는 반드시 꺾어서 움직여야 합니다.
③ 창고에 갈 때까지 발견한 고구마는 모두 모아 갑니다.
└────────────────────────────────────┘

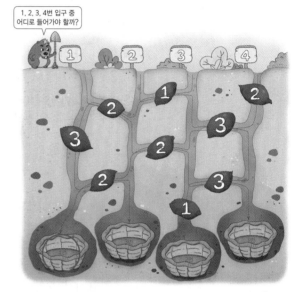

(4번)

❶ 민호: $4+1=5$, $5+2=7$, $7-3=4$, $4+1=5$ ➡ 5
  지수: $3+1=4$, $4-2=2$, $2+1=3$ ➡ 3
  민아: $2+3=5$, $5-3=2$ ➡ 2
  재하: $1+3=4$, $4-2=2$, $2+2=4$ ➡ 4

❷ 1번 길: $2+2=4$, $4+3=7$ ➡ 7개
  2번 길: $1+3=4$, $4+3=7$, $7+1=8$ ➡ 8개
  3번 길: $1+2=3$, $3+3=6$, $6+2=8$ ➡ 8개
  4번 길: $2+3=5$, $5+2=7$, $7+2=9$ ➡ 9개
  ➡ 4번 길로 가야 고구마를 가장 많이 모을 수 있습니다.

4 비교하기

1 재한   **2** 고추, 오이
3 (   )
(○)
5 다   **4** 쇠구슬
5 다   **6** 나, 다

1 시소는 위로 올라가면 더 가벼운 것이므로 재한이가 수지보다 더 가볍습니다.

2 왼쪽 끝이 맞추어져 있으므로 오른쪽 끝을 비교하면 오른쪽으로 더 많이 나온 오이가 고추보다 더 깁니다.

3 양쪽 끝이 맞추어져 있으므로 많이 구부러질수록 깁니다.

4 병의 모양과 크기가 모두 같으므로 무거운 물건을 담은 병이 더 무겁습니다.
⇨ 쇠구슬을 담은 병이 더 무겁습니다.

5

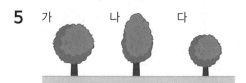
가   나   다

아래쪽 끝이 맞추어져 있으므로 위쪽 끝을 비교하면 높이가 가장 낮은 나무는 다입니다.

6 가장 무거운 것은 나이고 가장 가벼운 것은 다입니다.

1 나   **2**
3 (○) (   ) (   )
4
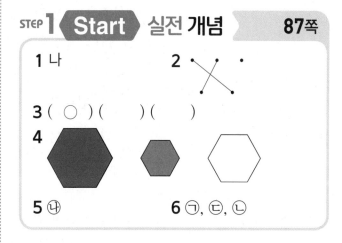
5 ㉮   **6** ㉠, ㉢, ㉡

1 나 병은 가 병보다 담을 수 있는 양이 더 많습니다.

2 서로 겹쳐 맞대었을 때 가운데 모양이 가장 많이 남고 왼쪽 끝의 모양이 가장 많이 모자랍니다.

3 컵에 담긴 물의 양을 살펴 보면 왼쪽 컵에 담긴 물의 양이 가장 많고, 오른쪽 컵에 담긴 물의 양이 가장 적습니다.

5 칸 수를 세어 보면 ㉮는 7칸, ㉯는 8칸입니다.
⇨ 칸 수가 많을수록 넓으므로 ㉯가 더 넓습니다.

6 담을 수 있는 양이 적은 것부터 차례대로 쓰면 ㉠, ㉢, ㉡입니다.

유형❶ 해영   ❶ 위쪽에 있을수록 높으므로 위쪽에 있는 사람부터 이름을 차례대로 쓰면 해영 , 지우 , 수현 입니다.

❷ 가장 높은 곳에 있는 사람은 해영 입니다.

1-1 보라색   아래쪽 끝이 맞추어져 있으므로 위쪽에 있는 풍선부터 색깔을 차례대로 쓰면 파란색, 빨간색, 보라색입니다. 아래쪽에 있을수록 낮으므로 가장 낮은 곳에 있는 풍선은 보라색입니다.

3 단원

1-2 옷 가게

신발 가게는 1층이고 장난감 가게는 신발 가게보다 한 층 더 높은 곳에 있으므로 2층입니다. 1층부터 위로 올라갈수록 높으므로 세 가게 중 4층에 있는 옷 가게가 가장 높은 층에 있습니다.

유형 ❷ 연필

❶ 늘어난 고무줄의 길이가 짧을수록 물건의 무게가
(무겁습니다, 가볍습니다).

❷ 늘어난 고무줄의 길이가 짧은 것부터 차례대로 쓰면
연필 , 지우개, 가위 이므로 가장 가벼운 물건은
연필 입니다.

2-1 음료수 캔

늘어난 고무줄의 길이가 길수록 무거운 것이므로 가장 무거운 물건은 음료수 캔입니다.

2-2 빨간색 구슬,
초록색 구슬

늘어난 용수철의 길이가 길수록 무거운 것입니다. 늘어난 용수철의 길이가 가장 긴 것이 가장 무겁고, 가장 짧은 것이 가장 가벼우므로 가장 무거운 구슬은 빨간색 구슬이고 가장 가벼운 구슬은 초록색 구슬입니다.

유형 ❸ 다, 나

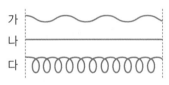

❶ 가, 나, 다는 양쪽 끝이 맞추어져 있으므로 끈이 많이 구부러져
있을수록 (깁니다, 짧습니다).

❷ 긴 끈부터 차례대로 기호를 쓰면 다 , 가 , 나 이므로
가장 긴 끈은 다 이고, 가장 짧은 끈은 나 입니다.

3-1 ㉢

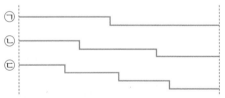

양쪽 끝이 맞추어져 있으므로 꺾인 횟수가 많을수록 깁니다.
⇨ 가장 긴 끈은 ㉢입니다.

3-2 ㉣, ㉠, ㉢, ㉡

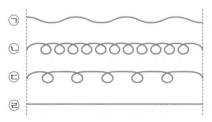

양쪽 끝이 맞추어져 있으므로 많이 구부러져 있을수록 깁니다.
⇨ 짧은 끈부터 차례대로 쓰면 ㉣, ㉠, ㉢, ㉡입니다.

유형❹ ㉡

❶ 작은 한 칸의 크기가 모두 같으므로 칸 수를 세어 보면
㉠은 7 칸, ㉡은 8 칸, ㉢은 5 칸입니다.

❷ 칸 수가 많을수록 넓으므로 가장 넓은 것은 ㉡ 입니다.

4-1 나

작은 한 칸의 크기가 모두 같으므로 칸 수를 세어 보면 가는 8칸, 나는 7칸, 다는 9칸입니다.
➡ 칸 수가 적을수록 좁으므로 가장 좁은 것은 나입니다.

4-2 ㉮, ㉰, ㉯

작은 한 칸의 크기가 모두 같으므로 칸 수를 세어 보면 ㉮는 9칸, ㉯는 7칸, ㉰는 8칸입니다.
➡ 칸 수가 많을수록 넓으므로 넓은 것부터 차례대로 쓰면 ㉮, ㉰, ㉯입니다.

유형❺ 진호, 세희

❶ 세희와 현우 중에서 더 무거운 사람은 현우 이고
진호와 현우 중에서 더 무거운 사람은 진호 입니다.

❷ 무거운 사람부터 차례대로 쓰면 진호 , 현우, 세희
이므로 가장 무거운 사람은 진호 이고 가장 가벼운 사람은
세희 입니다.

5-1 곰, 호랑이, 사자

호랑이는 사자보다 더 무겁고 곰보다 더 가볍습니다.
➡ 무거운 동물부터 차례대로 쓰면 곰, 호랑이, 사자입니다.

5-2 신혜, 소민,
신혜, 재희

시소는 무거운 쪽이 아래로 내려가고 가벼운 쪽이 위로 올라갑니다.
신혜를 기준으로 재희가 가장 무겁고 소민이가 가장 가볍습니다. 따라서 왼쪽 시소에서 내려간 쪽에는 신혜, 올라간 쪽에는 소민을 쓰고, 오른쪽 시소에서 내려간 쪽에는 재희, 올라간 쪽에는 신혜를 씁니다.

유형❻ ㉡

❶ 컵의 크기가 클수록 많이 담을 수 있으므로 물을 더 많이 담을
수 있는 컵은 ㉡ 입니다.

❷ 물을 많이 담을 수 있는 컵일수록 붓는 횟수가 적으므로 붓는
횟수가 더 적은 컵은 ㉡ 입니다.

6-1 ㉮

컵의 크기가 작을수록 적게 담을 수 있으므로 물을 더 적게 담을 수 있는 컵은 ㉮입니다.
➡ 물을 적게 담을 수 있는 컵일수록 붓는 횟수가 많으므로 붓는 횟수가 더 많은 컵은 ㉮입니다.

4
단원

6-2 어항

물을 부은 횟수가 같으므로 더 많이 담을 수 있는 컵으로 부은 것을 찾습니다.
⇨ 물을 가장 많이 담을 수 있는 컵은 ⓒ이므로 물병, 어항, 주전자 중에서
   가장 많이 담을 수 있는 것은 어항입니다.

유형⑦ 수진

❶ 땅에서부터 가장 위쪽에 있는 연은 수진 (이)가 날린

  연입니다.
❷ 연이 위쪽에 있을수록 높으므로 가장 높게 연을 날리고 있는

  사람은 수진 입니다.

7-1 시연, 서영, 가희

가희는 서영이와 시연이보다 더 낮게 뛰었으므로 가희가 가장 낮게 뛰었고
시연이가 서영이보다 더 높게 뛰었으므로 시연이가 가장 높게 뛰었습니다.
⇨ 높게 뛴 사람부터 차례대로 쓰면 시연, 서영, 가희입니다.

STEP3 Master 심화 유형　　　　　　　95~99쪽

1 우럭

낚싯대가 많이 휘어질수록 물고기가 무거우므로 가장 무거운 물고기는 우럭입
니다.

2 풀이 참조

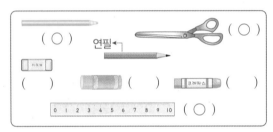

연필과 물건들을 각각 비교해 보면 색연필, 가위, 자가 연필보다 더 깁니다.

3 포크

그림으로 나타내면 다음과 같습니다.

4 ⓔ, ⓖ, ⓒ, ⓛ

동전을 서로 겹쳐 맞대어 보면 가장 많이 남는 ⓔ이 가장 넓고 가장 많이 모자
란 ⓛ이 가장 좁습니다.
⇨ 넓은 동전부터 차례대로 쓰면 ⓔ, ⓖ, ⓒ, ⓛ입니다.

5 지나

머리끝이 맞추어져 있으므로 발끝을 비교합니다. 키가 큰 사람부터 차례대로 쓰
면 수연, 지나, 현우, 미소이므로 둘째로 큰 사람은 지나입니다.

6 은우

남긴 우유의 양이 적은 사람부터 차례대로 쓰면 은우, 지수, 수호로 우유를 가장 많이 마신 사람은 은우입니다.

7 ㉠, ㉡

지운이네 반에서 나온 쓰레기는 플라스틱병과 유리병이고 초록색 자루는 들기에 가벼운 플라스틱병이, 주황색 자루는 들기에 무거운 유리병이 들어 있습니다.

8 ㉡, ㉣, ㉢, ㉠

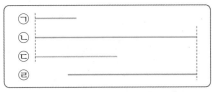

㉠, ㉡, ㉢은 왼쪽 끝이 맞추어져 있으므로 오른쪽 끝을 비교하면 ㉠이 가장 짧고 ㉡이 가장 깁니다. ㉡, ㉣은 오른쪽 끝이 맞추어져 있으므로 왼쪽 끝을 비교하면 ㉡이 더 깁니다. ㉢과 ㉣을 한쪽 끝을 맞추어 비교하면 ㉣이 더 깁니다.
⇨ 긴 것부터 차례대로 쓰면 ㉡, ㉣, ㉢, ㉠입니다.

9 ㉯

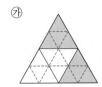

㉮를 ㉯와 한 칸의 크기가 같도록 나누어 보면 나누기 전 ㉮의 한 칸의 크기는 ㉯의 4칸의 넓이와 같습니다. 색칠한 작은 △의 칸 수를 세어 보면 ㉮는 8칸이고 ㉯는 9칸입니다.
⇨ 색칠한 부분이 더 넓은 것은 ㉯입니다.

10 ㉣

물의 높이가 같은 것끼리 비교해 보면 담긴 물의 양은 ㉠보다 ㉣이 더 많고 ㉡보다 ㉢이 더 많습니다.
㉢과 ㉣ 중에서 물의 높이가 더 높은 ㉣이 담긴 물의 양이 더 많습니다.
⇨ 담긴 물의 양이 가장 많은 것은 ㉣입니다.

11 배, 사과, 귤

사과는 귤보다 더 무겁고 배는 귤보다 더 무거우므로 귤이 가장 가볍습니다.
배는 사과보다 더 무거우므로 배가 가장 무겁습니다.
⇨ 무거운 과일부터 차례대로 쓰면 배, 사과, 귤입니다.

12 다

물이 그릇 나에 가득 찼을 때 그릇 가와 다에 담긴 물의 양을 그림으로 나타내면 다음과 같습니다.

가　　　　나　　　　다

⇨ 물을 가장 많이 담을 수 있는 것은 다입니다.

13 민호

윤성이를 기준으로 하면 더 무거운 사람은 서준이고, 더 가벼운 사람은 재한이와 민호입니다.
재한이를 기준으로 하면 더 무거운 사람은 서준이고, 더 가벼운 사람은 민호입니다.
➡ 가벼운 사람부터 차례대로 쓰면 민호, 재한, 윤성, 서준으로 가장 가벼운 사람은 민호입니다.

STEP 4 Top 최고 수준

1 진영

❶ ㉡과 ㉢에서 가은이는 재희보다 크고 민호보다 작으므로 키가 큰 사람부터 쓰면 민호, 가은, 재희입니다.
❷ ㉠에서 진영이는 민호보다 큽니다.
❸ 키가 가장 큰 사람은 진영입니다.

|문제해결 Key| ❶ ㉡과 ㉢의 조건을 보고 가은, 재희, 민호의 키 비교하기 → ❷ ㉠의 조건에서 진영이와 민호의 키 비교하기 → ❸ 키가 가장 큰 사람 알아보기

2 나

❶ □를 이루는 선을 지나가는 횟수가 적을수록 짧습니다. □를 이루는 선의 길이가 모두 같으므로 각 길별로 □의 선을 몇 번 지나는지 알아보면 가 길은 8번, 나 길은 4번, 다 길은 6번입니다.
❷ 길이가 가장 짧은 길의 기호를 쓰면 나입니다.

|문제해결 Key| ❶ 가, 나, 다 길이 □를 이루는 선을 지나가는 횟수 각각 알아보기 → ❷ 가장 짧은 길 구하기

3 물통

❶ 물통에 물을 가득 담아서 2번 부으면 어항이 가득 차므로 어항보다 물통에 물을 더 적게 담을 수 있습니다.
❷ 항아리에 가득 담은 물로 어항과 물통을 모두 채울 수 있으므로 항아리에 물을 가장 많이 담을 수 있습니다.
❸ 물을 적게 담을 수 있는 것부터 차례대로 쓰면 물통, 어항, 항아리이므로 물을 가장 적게 담을 수 있는 것은 물통입니다.

|문제해결 Key| ❶ 어항과 물통에 담을 수 있는 양 비교하기 → ❷ 어항, 물통, 항아리에 담을 수 있는 양 비교하기 → ❸ 물을 가장 적게 담을 수 있는 것 알아보기

4 원숭이

❶ (원숭이 3마리)=(곰 1마리)이므로 (원숭이 6마리)=(곰 2마리)입니다.
❷ (늑대 4마리)=(곰 2마리)=(원숭이 6마리)입니다.
❸ 가장 가벼운 동물은 원숭이입니다.

|문제해결 Key| ❶ 곰 2마리의 무게와 원숭이 몇 마리의 무게가 같은지 알아보기 → ❷ 늑대가 4마리일 때, 곰과 원숭이가 각각 몇 마리이면 무게가 같은지 알아보기 → ❸ 가장 가벼운 동물 구하기

5 ㉯

❶ ㉮에는 3칸, ㉯에는 1칸을 남겨놓고 나머지 칸에 색칠하고 그 수를 세어 봅니다.

 ㉮ 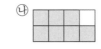 ㉯

❷ 배추를 심은 부분이 ㉮는 6칸, ㉯는 7칸입니다.
❸ ㉯ 밭의 배추를 심은 부분이 더 넓습니다.

| 문제해결 Key | ❶ ㉮, ㉯ 밭에 배추를 심은 칸 수만큼 색칠하기 → ❷ 색칠한 칸 수 각각 세어 보기 → ❸ 배추를 더 많이 심은 밭 알아보기

6 희주

❶ 그림으로 나타내면 다음과 같습니다.

❷ 가장 높은 층에 사는 사람은 희주입니다.

| 문제해결 Key | ❶ 주어진 조건에 맞게 그림으로 나타내기 → ❷ ❶에서 가장 높은 층에 사는 사람은 누구인지 알아보기

7 예지

❶ 예지와 시현이 중에서 더 무거운 사람은 시현이고, 로하와 예지 중에서 더 무거운 사람은 로하입니다.
문제에서 시현이는 로하보다 더 무겁다고 했으므로 세 사람(예지, 시현, 로하) 중에서 무거운 사람부터 차례대로 쓰면 시현, 로하, 예지입니다.
❷ 문제에서 지유는 예지보다 더 가볍다고 했으므로 네 사람(예지, 시현, 로하, 지유) 중에서 무거운 사람부터 차례대로 쓰면 시현, 로하, 예지, 지유입니다.
❸ 세 번째로 무거운 사람은 예지입니다.

| 문제해결 Key | ❶ 세 사람(예지, 시현, 로하)의 무게 비교하기 → ❷ 네 사람(예지, 시현, 로하, 지유)의 무게 비교하기 → ❸ 세 번째로 무거운 사람 구하기

8 유진

❶ 크기가 같은 벽에 종이를 붙일 때 종이가 넓을수록 붙이는 횟수가 적어서 더 빨리 붙일 수 있습니다.
❷ 더 빨리 붙일 수 있는 사람은 유진입니다.

| 문제해결 Key | ❶ 종이 한 장의 넓이에 따라 붙이는 횟수가 어떻게 되는지 알아보기 → ❷ ❶을 보고 더 빨리 붙일 수 있는 사람 알아보기

9 민규

❶ 승아가 3번 이겼고, 민규가 5번 이겼습니다.
❷ 민규가 승아보다 한 칸 아래에서 출발하였으므로 승아가 출발한 곳에서 같이 출발하였을 때 민규는 4칸 올라간 것과 같습니다.
❸ 승아는 3칸, 민규는 4칸 올라간 것이므로 더 높이 올라간 사람은 민규입니다.

| 문제해결 Key | ❶ 승아와 민규가 각각 몇 번 이겼는지 구하기 → ❷ 승아가 출발한 곳에서 같이 출발하였을 때 민규는 몇 칸 올라간 것과 같은지 알아보기 → ❸ 더 높이 올라간 사람 알아보기

10 9개

❶ (무화과 1개)+(귤 1개)=(쇠구슬 6개)에서 (귤 1개)=(쇠구슬 2개)이므로
⇨ (무화과 1개)=(쇠구슬 6개)−(귤 1개)
　　　　　　　=(쇠구슬 6개)−(쇠구슬 2개)
　　　　　　　=(쇠구슬 4개)

❷ (귤 1개)+(레몬 1개)=(쇠구슬 7개)에서 (귤 1개)=(쇠구슬 2개)이므로
⇨ (레몬 1개)=(쇠구슬 7개)−(귤 1개)
　　　　　　=(쇠구슬 7개)−(쇠구슬 2개)
　　　　　　=(쇠구슬 5개)

❸ 무화과 1개와 레몬 1개의 무게의 합은 쇠구슬 4개와 쇠구슬 5개의 무게의 합이므로 쇠구슬 9개의 무게와 같습니다.

| 문제해결 Key | ❶ 무화과 1개는 쇠구슬 몇 개의 무게와 같은지 구하기 → ❷ 레몬 1개는 쇠구슬 몇 개의 무게와 같은지 구하기 → ❸ 무화과 1개와 레몬 1개의 무게의 합은 쇠구슬 몇 개의 무게와 같은지 구하기

논리 수학

찍찍이의 치즈 먹기 대작전

≫ 7개의 치즈가 있습니다. 찍찍이가 루루가 있는 칸은 지나지 않고 7개의 치즈를 모두 먹은 후 출구로 나갈 수 있는 길을 찾아 선을 그어 보세요.

규칙
• 한 번 지나간 길을 다시 지나가면 안 됩니다.
• 오른쪽과 왼쪽 또는 위쪽과 아래쪽 방향으로만 지나가야 합니다.

≫ 루루는 찍찍이를 잡기 위해 쥐덫을 설치했습니다. 찍찍이가 루루와 쥐덫을 피해 치즈를 모두 먹을 수 있는 길을 찾아 선을 그어 보세요.

❸ 예
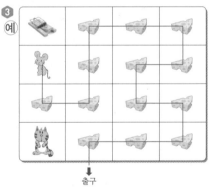

❶
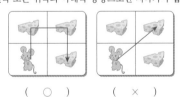

❷

❹
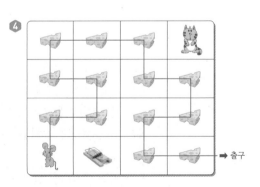

1 찍찍이의 위쪽이 출구이므로 오른쪽에 있는 치즈를 먼저 먹어야 합니다.

2 찍찍이의 왼쪽에 있는 치즈를 먼저 먹으면 먹지 못하는 치즈가 생기므로 아래쪽에 있는 치즈를 먼저 먹어야 합니다.

3 찍찍이의 오른쪽에 있는 치즈를 먼저 먹으면 먹지 못하는 치즈가 생기므로 아래쪽에 있는 치즈를 먼저 먹어야 합니다.
찍찍이가 루루와 쥐덫을 피해 치즈를 모두 먹을 수 있는 길은 다음과 같이 두 가지가 있습니다.

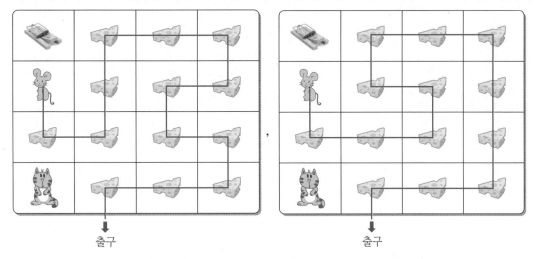

4 찍찍이의 오른쪽에 쥐덫이 있으므로 위쪽에 있는 치즈를 먼저 먹고 그 다음에 먹을 수 있는 치즈를 찾아봅니다.

5 50까지의 수

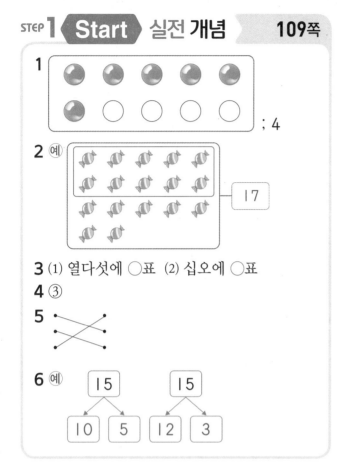

1 ; 4

2 ㉠ 17

3 (1) 열다섯에 ◯표 (2) 십오에 ◯표

4 ③

5 (교차 연결선)

6 ㉠ 15 → 10 5 / 15 → 12 3

---

1 10이 되도록 ◯를 그리면 그린 ◯의 수는 4입니다.

2 10개씩 묶음 1개와 낱개 7개는 17입니다.

3 (1) 15살 ⇨ 열다섯 살
   (2) 15번 ⇨ 십오 번

4 ①, ②, ④, ⑤: 10
   ③: 8

5 13과 1, 12와 2, 10과 4를 모으면 14가 됩니다.

6 15는 다음과 같이 가르기를 할 수 있습니다.

15	0	1	2	3	4	5	6	7
	15	14	13	12	11	10	9	8

15	8	9	10	11	12	13	14	15
	7	6	5	4	3	2	1	0

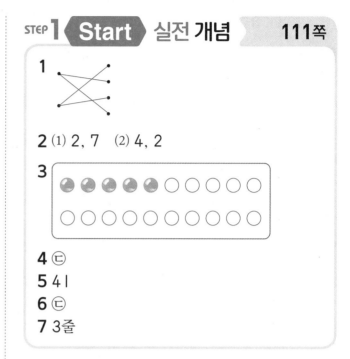

1 (교차 연결선)

2 (1) 2, 7   (2) 4, 2

3 (반 채운 동그라미)

4 ㉢
5 41
6 ㉢
7 3줄

---

1 • 10개씩 묶음 4개
   ⇨ 40 (사십, 마흔)
  • 10개씩 묶음 5개
   ⇨ 50 (오십, 쉰)

2 (1)   27
   10개씩 묶음의 수 ←┘└→ 낱개의 수
   (2)   42
   10개씩 묶음의 수 ←┘└→ 낱개의 수

3 ◐가 5개이므로 6부터 20까지 세면서 ◯를 그립니다.

4 ㉢ 31은 삼십일 또는 서른하나라고 읽습니다.

5 10개씩 묶음 3+1=4(개)와 낱개 1개인 수이므로 41입니다.

6 ㉠, ㉡, ㉣: 26
   ㉢: 36

7 30은 10개씩 묶음 3개입니다.
   ⇨ 30명을 한 줄에 10명씩 세우면 모두 3줄이 됩니다.

1 24, 22 ; 22, 24
2 28, 30
3 21, 22, 23, 24, 25
4 29, 14에 ◯표
5 34
6 46번, 47번, 48번
7 (위부터) 14, 15, 19, 20, 23,
   25, 28, 29, 31
; 예 오른쪽으로 한 칸 갈 때마다 1씩 커집니다.

1 10개씩 묶음의 수가 같으므로 낱개의 수를 비교합니다.

2 29보다 1만큼 더 작은 수는 28이고, 29보다 1만큼 더 큰 수는 30입니다.

3 가장 작은 수는 21이고 21부터 순서대로 쓰면 21, 22, 23, 24, 25입니다.

4 37보다 작은 수는 29와 14입니다.

5 10개씩 묶음의 수를 비교하면 28이 가장 작습니다.
30과 34의 낱개의 수를 비교하면 34가 30보다 큽니다.

6 45와 49 사이의 수는 46, 47, 48입니다.

7

11	12	13	14	15	16	17
18	19	20	21	22	23	24
25	26	27	28	29	30	31

수를 순서대로 쓸 때 오른쪽으로 한 칸 갈 때마다 1씩 커집니다.

유형❶ 42

❶ 수 카드의 수를 큰 수부터 차례대로 쓰면 4, ⎡2⎤, ⎡1⎤, ⎡0⎤이므로 가장 큰 수는 ⎡4⎤이고, 둘째로 큰 수는 ⎡2⎤입니다.

❷ 만들 수 있는 수 중에서 가장 큰 수는 ⎡42⎤입니다.

1-1 23

수 카드의 수를 작은 수부터 차례대로 쓰면 2, 3, 7, 8이므로 가장 작은 수는 2이고, 둘째로 작은 수는 3입니다.
⇨ 만들 수 있는 수 중에서 가장 작은 수는 23입니다.

참고
가장 작은 두 자리 수는 10개씩 묶음의 수에 가장 작은 수를, 낱개의 수에 둘째로 작은 수를 놓아 만들 수 있습니다.

1-2 53

가장 큰 두 자리 수는 10개씩 묶음의 수에 가장 큰 수를, 낱개의 수에 둘째로 큰 수를 놓아 만들므로 둘째로 큰 두 자리 수는 낱개의 수에 셋째로 큰 수를 놓으면 됩니다.

수 카드의 수를 큰 수부터 차례대로 쓰면 5, 4, 3, 1이므로 가장 큰 수는 5이고, 셋째로 큰 수는 3입니다.

⇨ 만들 수 있는 수 중에서 둘째로 큰 수는 53입니다.

유형 ❷ 38

❶ 오른쪽으로 한 칸 갈 때마다 $\boxed{1}$씩 커지는 규칙이므로

   ⓛ에 알맞은 수는 $\boxed{18}$입니다.

❷ 아래쪽으로 한 칸 갈 때마다 $\boxed{10}$씩 커지는 규칙이므로

   ㉠에 알맞은 수는 $\boxed{38}$입니다.

2-1 49

21		23	24	25	26	27	28	ⓛ29
	32	33			36			39
								㉠49

오른쪽으로 한 칸 갈 때마다 1씩 커지는 규칙이므로 ⓛ에 알맞은 수는 29입니다.

아래쪽으로 한 칸 갈 때마다 10씩 커지는 규칙이므로 ㉠에 알맞은 수는 49입니다.

2-2 34

16	17	18	ⓛ19
		24	25
		29	30
		㉠34	

오른쪽으로 한 칸 갈 때마다 1씩 커지는 규칙이므로 ⓛ에 알맞은 수는 19입니다.

아래쪽으로 한 칸 갈 때마다 5씩 커지는 규칙이므로 ㉠에 알맞은 수는 34입니다.

유형 ❸ 4가지

❶ 10을 두 수로 가를 수 있는 경우를 모두 알아봅니다.

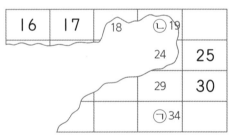

10	1	2	3	4	5	6	7	8	9
	9	8	7	6	5	4	3	2	1

❷ 연우가 더 많이 가지게 되는 경우를 (연우, 은지)로 나타내면 (6, 4), (7, $\boxed{3}$), (8, 2), (9, $\boxed{1}$)이므로 모두 $\boxed{4}$가지입니다.

3-1 5가지

재혁	1	2	3	4	5	6	7	8	9	10
형	10	9	8	7	6	5	4	3	2	1

⇨ 5가지

3-2 7개

희주	0	1	2	3	4	5	6	7	8	9	10	11	12
동생	12	11	10	9	8	7	6	5	4	3	2	1	0

⇨ 희주가 동생보다 2개 더 많이 먹는 경우를 찾으면
희주가 7개, 동생이 5개일 때입니다.

유형❹ 지우

❶ 10개씩 묶음 2개와 낱개 7개인 수는 27 이므로 민규가
가지고 있는 수수깡은 27 개입니다.

❷ 10개씩 묶음의 수를 비교하면 30 이 27보다 크므로
수수깡을 더 많이 가지고 있는 사람은 지우 입니다.

(다른 풀이)
30은 10개씩 묶음 3개이므로 민규가 가지고 있는 수수깡의 10개씩 묶음의
수보다 많습니다.
⇨ 수수깡을 더 많이 가지고 있는 사람은 지우입니다.

4-1 준영

10개씩 묶음 3개와 낱개 4개인 수는 34이므로 가은이가 딴 딸기는 34개입니다.
⇨ 36이 34보다 크므로 딸기를 더 많이 딴 사람은 준영입니다.

4-2 효진

희수: 30개, 효진: 29개, 재우: 31개
⇨ 30, 29, 31 중 가장 작은 수는 29이므로 구슬을 가장 적게 가지고 있는
사람은 효진입니다.

유형❺ 19

❶ 16과 21 사이의 수는 17, 18, 19 , 20 입니다.

❷ ❶에서 구한 수 중 낱개의 수가 9인 수는 19 입니다.

5-1 25, 35

23과 41 사이의 수는 24, 25, ..., 39, 40입니다.
이 중에서 낱개의 수가 5인 수는 25와 35입니다.

5-2 40, 41, 42

37보다 크고 43보다 작은 수는 38, 39, 40, 41, 42입니다.
이 중에서 10개씩 묶음의 수가 낱개의 수보다 큰 수는 40, 41, 42입니다.

유형❻ 4개

❶ 감 36개는 10개씩 묶음 ⑶개와 낱개 ⑹개입니다.

❷ 낱개가 10개가 되려면 감이 ④개 더 있어야 합니다.

⇨ 4줄을 만들려면 감이 ④개 더 있어야 합니다.

6-1 5개

고구마 45개는 10개씩 묶음 4개와 낱개 5개입니다. 낱개가 10개가 되려면 고구마가 5개 더 있어야 합니다.

⇨ 5상자를 만들려면 고구마가 5개 더 있어야 합니다.

6-2 9권

공책 31권은 10권씩 묶음 3개와 낱개 1권입니다. 낱개가 10권이 되려면 공책이 9권 더 있어야 합니다.

⇨ 승아와 가지고 있는 공책의 수가 같아지려면 9권 더 있어야 합니다.

6-3 2개

태하가 가지고 있는 구슬은 23개입니다.
지우와 태하가 가지고 있는 구슬의 10개씩 묶음의 수가 같으므로 낱개의 수를 같게 만들면 됩니다.
7과 3을 모으면 10이 되고 10은 5와 5로 똑같이 가를 수 있으므로 지우와 태하는 각각 낱개 5개를 가지면 됩니다.

⇨ 7은 5와 2로 가를 수 있으므로 지우가 태하에게 구슬을 2개 주어야 합니다.

유형❼ 8, 9

❶ 10개씩 묶음의 수가 2로 같으므로 낱개의 수를 비교하면
■는 ⑺보다 커야 합니다.

❷ 0부터 9까지의 수 중에서 7보다 큰 수는 ⑻, ⑼이므로
■에 들어갈 수 있는 수는 ⑻, ⑼입니다.

7-1 0, 1, 2

10개씩 묶음의 수가 4로 같으므로 낱개의 수를 비교하면 ☐ 안에는 3보다 작은 수가 들어가야 합니다.

⇨ 0부터 9까지의 수 중에서 3보다 작은 수는 0, 1, 2이므로 ☐ 안에 들어갈 수 있는 수는 0, 1, 2입니다.

7-2 5, 6

10개씩 묶음의 수가 3으로 같으므로 낱개의 수를 비교하면 ☐ 안에는 4보다 크고 7보다 작은 수가 들어가야 합니다.

⇨ 0부터 9까지의 수 중에서 4보다 크고 7보다 작은 수는 5, 6이므로 ☐ 안에 들어갈 수 있는 수는 5, 6입니다.

유형❽ 30개

❶ 오이 한 거리는 50개를 나타내므로 10개씩 묶음 ⎡5⎤개
입니다.

❷ 남은 오이는 10개씩 묶음 5−2=⎡3⎤(개)이므로 ⎡30⎤개
입니다.

8-1 10마리

조기 한 두름은 20마리를 나타내므로 10개씩 묶음 2개입니다.
남은 조기는 10마리씩 묶음 2−1=1(개)이므로 10마리입니다.

8-2 3개

바늘 한 쌈은 24개를 나타내므로 10개씩 묶음 2개와 낱개 4개입니다.
남은 바늘은 10개씩 묶음 2−2=0(개)와 낱개 4−1=3(개)이므로 3개입니다.

STEP3 Master 심화 유형

122~127쪽

1 3개

구슬 47개는 10개씩 묶음 4개와 낱개 7개입니다. 낱개가 10개가 되려면 구슬이 3개 더 있어야 합니다.
⇨ 5줄을 만들려면 구슬이 3개 더 있어야 합니다.

2 열에 ○표, 열두에 ○표, 열에 ○표

• 10장 ⇨ 열 장
• 12장 ⇨ 열두 장
• 하나를 보면 10을 안다. ⇨ 하나를 보면 열을 안다.

3 10, 16

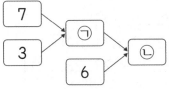

7과 3을 모으면 10이 되므로 ㉠=10입니다.
⇨ 10과 6을 모으면 16이 되므로 ㉡=16입니다.

4 (위부터) 35, 43 ; 43

• 25, 35 ⇨ 35는 25보다 큽니다.
• 43, 41 ⇨ 43은 41보다 큽니다.
• 35, 43 ⇨ 43은 35보다 큽니다.

5 7개

14	0	1	2	3	4	5	6	7	8	9	10	11	12	13	14
	14	13	12	11	10	9	8	7	6	5	4	3	2	1	0

⇨ 똑같이 나누어 먹으려면 한 사람이 과자를 7개씩 먹으면 됩니다.

5 단원

6 ㉢

10개씩 묶음의 수를 비교하면 2, 1, 3 중 3이 가장 크므로 번호가 가장 큰 국보는 ㉢입니다.

7 7개

34는 10개씩 묶음 3개와 낱개 4개인 수이므로 초를 가장 적게 준비한다면 큰 초는 3개, 작은 초는 4개 준비해야 합니다.
⇨ 초는 3+4=7(개) 필요합니다.

8 24개

46은 10개씩 묶음 4개와 낱개 6개입니다.
⇨ 남은 구슬은 10개씩 묶음 4−2=2(개)와 낱개 6−2=4(개)이므로 24개입니다.

9 9

오른쪽으로 한 칸 갈 때마다 1씩 커지고 아래쪽으로 한 칸 갈 때마다 10씩 커지는 규칙입니다.
⇨ ■에 알맞은 수는 37이고, ●에 알맞은 수는 46이므로 46은 37보다 9만큼 더 큰 수입니다.

(다른 풀이)
아래쪽으로 한 칸 갈 때마다 10씩 커지고 왼쪽으로 한 칸 갈 때마다 1씩 작아지는 규칙입니다.
⇨ ●에 알맞은 수는 ■에 알맞은 수보다 9만큼 더 큰 수이다.

10 19일, 20일, 21일

민규가 갈 수 있는 날짜: 16일, 17일, 18일, ⑲일, ⑳일, ㉑일
지우가 갈 수 있는 날짜: ⑲일, ⑳일, ㉑일, 22일, 23일, 24일
⇨ 두 사람이 함께 수영장에 갈 수 있는 날짜는 19일, 20일, 21일입니다.

11 27, 28

26보다 큰 수는 ㉗, ㉘, 29, ...입니다.
29보다 작은 수는 ㉘, ㉗, 26, ...입니다.
⇨ □ 안에 들어갈 수 있는 수는 27, 28입니다.

(다른 풀이)
□ 안에는 26보다 크고 29보다 작은 수가 들어가야 합니다.
⇨ □ 안에 들어갈 수 있는 수는 27, 28입니다.

12 선영

태하: 10점짜리 2번, 1점짜리 3번 맞혔으므로 23점입니다.
선영: 10점짜리 3번, 1점짜리 2번 맞혔으므로 32점입니다.
⇨ 32가 23보다 크므로 선영이가 이겼습니다.

13 20번

15와 21 사이의 수는 16, 17, 18, 19, 20입니다. 이 중에서 10개씩 묶음의 수가 낱개의 수보다 큰 수는 20입니다.

14 6개

- 10개씩 묶음의 수가 2일 때 만들 수 있는 수: 20, 24, 25
- 10개씩 묶음의 수가 4일 때 만들 수 있는 수: 40, 42, 45

⇨ 만들 수 있는 수 중에서 50보다 작은 수는 모두 6개입니다.

15 14

10은 똑같은 수인 5와 5로 가르기를 할 수 있으므로 ●＝5입니다.

5와 4를 모으기 하면 9이므로 ■＝9입니다.

5와 9를 모으기 하면 14이므로 ▲＝14입니다.

16 4개

⇨ 🔲 모양은 4개, ⚪ 모양은 8개이므로 차는 8－4＝4(개)입니다.

〔다른 풀이〕

🔲🔵⚪⚪이 반복되는 규칙입니다.

4번째까지 늘어놓을 때: 🔲 1개, ⚪ 2개

8번째까지 늘어놓을 때: 🔲 2개, ⚪ 4개

12번째까지 늘어놓을 때: 🔲 3개, ⚪ 6개

16번째까지 늘어놓을 때: 🔲 4개, ⚪ 8개

⇨ 8－4＝4(개)

17 6명

재우는 뒤에서 3번째에 서 있으므로 앞에서 18번째에 서 있습니다.

⇨ 11과 18 사이의 수는 12, 13, 14, 15, 16, 17이므로 정인이와 재우 사이에는 6명이 서 있습니다.

18 30, 42

수의 순서대로 36의 앞이나 뒤에 오는 수를 알아봅니다.

㉚ 31 32 33 34 35 ③⑥ 37 38 39 40 41 ㊷
        └─5개─┘   └─5개─┘

⇨ ㉠이 될 수 있는 수는 30, 42입니다.

5
단원

STEP 4 Top 최고 수준   **128~131쪽**

1 4개

❶ 같은 칸에 놓이는 가, 나의 수를 (가, 나)와 같이 나타내면 다음과 같습니다.

(19, 17), (21, 30), (38, 34), (45, 37), (33, 23), (41, 42)

❷ 가에 있는 수가 더 큰 것은 (19, 17), (38, 34), (45, 37), (33, 23)으로 모두 4개입니다.

|문제해결 Key| ❶ 가, 나의 같은 칸에 놓인 수 알아보기 → ❷ 같은 칸의 가에 있는 수가 나에 있는 수보다 큰 칸은 모두 몇 개인지 구하기

2 4마리

❶ 10은 8보다 2만큼 더 큰 수이므로 게와 거미가 한 마리씩일 때 다리는 2개 차이가 납니다.

❷ 게와 거미가 2마리씩일 때는 2+2=4(개), 3마리씩일 때는 4+2=6(개), 4마리씩일 때는 6+2=8(개) 차이가 납니다.

❸ 거미는 4마리입니다.

| 문제해결 Key | ❶ 게와 거미가 한 마리씩 있을 때 다리 수의 차 구하기 → ❷ 게와 거미가 한 마리씩 늘어날 때마다 다리 수가 몇 개씩 차이 나는지 구하기 → ❸ 거미가 몇 마리인지 구하기

3 12번

❶ 14보다 크고 40보다 작은 수 중에서 숫자 2가 들어 있는 수: 20, 21, 22, 23, 24, 25, 26, 27, 28, 29, 32

❷ 숫자 2가 들어 있는 수는 11개인데 22를 쓸 때 숫자 2를 2번 쓰므로 숫자 2는 모두 12번 쓰게 됩니다.

| 문제해결 Key | ❶ 14보다 크고 40보다 작은 수 중 숫자 2가 들어 있는 수 찾기 → ❷ ❶에서 찾은 수에서 숫자 2를 몇 번 쓰게 되는지 구하기

4 11개

❶ 32보다 크고 46보다 작은 두 자리 수는 33, 34, 35, 36, 37, 38, 39, 40, 41, 42, 43, 44, 45입니다.

❷ 33과 44는 2장을 골라 만들 수 없으므로 만들 수 있는 두 자리 수는 모두 11개입니다.

| 문제해결 Key | ❶ 32보다 크고 46보다 작은 수 모두 구하기 → ❷ 수 카드로 만들 수 있는 32보다 크고 46보다 작은 두 자리 수는 모두 몇 개인지 구하기

5 도윤

❶ 네 사람이 각각 만들 수 있는 더 큰 수를 알아봅니다.
채원: 42, 도윤: 50, 서우: 41, 준서: 32

❷ 42, 50, 41, 32 중 가장 큰 수는 50이므로 도윤이가 가장 큰 수를 만들 수 있습니다.

| 문제해결 Key | ❶ 네 사람이 각각 만들 수 있는 더 큰 수 알아보기 → ❷ 가장 큰 수를 만들 수 있는 사람은 누구인지 구하기

6 2

❶ □5는 3□보다 작아야 하므로 □ 안에 공통으로 들어갈 수 있는 수는 1, 2 입니다.

❷ □가 1일 때 15보다 크고 31보다 작은 수는 15개이므로 조건에 맞지 않습니다.

□가 2일 때 25보다 크고 32보다 작은 수는 6개이므로 조건에 맞습니다.

❸ □ 안에 공통으로 들어갈 수 있는 수는 2입니다.

| 문제해결 Key | ❶ □ 안에 공통으로 들어갈 수 있는 수 모두 구하기 → ❷ ❶에서 구한 수 중 조건에 맞는 수 구하기

7 23, 32

❶ ㉮를 ■▲라 하면 ㉯는 ▲■입니다.

❷ ㉮와 ㉯가 모두 22보다 크고 33보다 작으므로 ■, ▲가 될 수 있는 수는 2 또는 3입니다.

❸ ㉮가 될 수 있는 수는 23, 32입니다.

|문제해결 Key| ❶ ㉮를 ■▲라 했을 때 ㉯ 나타내기 → ❷ ■, ▲가 될 수 있는 수 구하기 → ❸ ㉮가 될 수 있는 수 구하기

8 3번

❶ 25에서 3씩 3번 큰 수로 뛰어 세면 25−28−31−34이므로 재한이가 있는 곳은 34가 적힌 계단입니다.

❷ 재한이와 승아가 같은 수가 적힌 계단에서 만났으므로 46에서 4씩 작은 수로 34까지 뛰어 세면 46−42−38−34입니다.

❸ 34는 46에서 4씩 작은 수로 3번 뛰어 센 것과 같으므로 승아는 4칸씩 3번 내려갔습니다.

|문제해결 Key| ❶ 재한이가 올라간 계단에 적힌 수 구하기 → ❷ 46에서 4씩 작은 수로 ❶에서 구한 계단에 적힌 수까지 뛰어 세기 → ❸ 승아가 계단을 몇 번 내려갔는지 구하기

9 4

❶ ·▲=1일 때　　·▲=2일 때　　·▲=3일 때

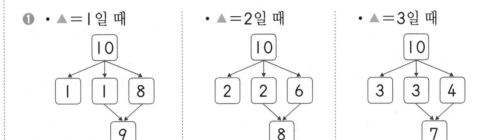

❷ ▲=3일 때 조건을 만족하므로 ●에 알맞은 수는 4입니다.

|문제해결 Key| ❶ ▲가 되는 수에 따라 ●에 알맞은 수 구하기 → ❷ 조건에 맞는 ●에 알맞은 수 구하기

10 6가지

❶ 1원짜리와 10원짜리 동전으로 50원을 만드는 방법은 다음과 같습니다.

1원짜리 동전 수(개)	0	10	20	30	40	50
10원짜리 동전 수(개)	5	4	3	2	1	0

❷ 50원을 만드는 방법은 모두 6가지입니다.

|문제해결 Key| ❶ 1원짜리와 10원짜리 동전으로 50원을 만드는 방법 모두 찾기 → ❷ ❶에서 찾은 방법은 모두 몇 가지인지 구하기

경시대회 대비 실전 예상문제

1 회　　　　　　　3~6쪽

1 4	**2** ②
3 7	**4** ⑤
5 41	**6** 8명
7 2	**8** 2개
9 ㉢	**10** 4개
11 ㉠	**12** 민주
13 서현	**14** 35, 36, 37
15 3개	**16** 42
17 가	**18** 1권
19 ①	**20** 3

1 배구공을 세어 보면 하나, 둘, 셋, 넷이므로 4입니다.

2 • ①, ③, ④, ⑤ ⇨ 🛢 모양
　　• ② ⇨ 📦 모양

3 8보다 1만큼 더 작은 수는 7입니다.

> **참고**
> | 1만큼 더 작은 수 | | 1만큼 더 큰 수 |
> |---|---|---|
> | 7 ——— | 8 ——— | 9 |

4 보이는 모양은 둥근 부분과 평평한 부분이 있으므로 🛢 모양이고 🛢 모양의 물건을 찾으면 ⑤입니다.

5 10개씩 묶음의 수를 비교하면 41이 더 큽니다.

> **참고**
> 두 수의 크기를 비교할 때 10개씩 묶음의 수를 먼저 비교합니다.

6 (앞) ○ ○ ○ ○ 지안 ○ ○ ○ (뒤)
　　⇨ 줄을 서 있는 사람은 모두 8명

7 3+4=7이므로 ●=7
　　●+▲=9에서 7+▲=9이므로 ▲=2

8 8-6=2(개)

9 ㉠ 2+4=6　㉡ 8-5=3　㉢ 8+0=8
　　⇨ 6, 3, 0 중 가장 작은 수는 0입니다.

10 7은 4와 3으로 가를 수 있으므로 혜지가 4개, 정우가 3개 가질 때 혜지가 정우보다 구슬을 1개 더 많이 가지게 됩니다.

11 ㉠: 7개, ㉡: 2개, ㉢: 4개

12 남은 우유의 양이 적은 사람부터 차례대로 쓰면 민주, 혜지, 유나이므로 우유를 가장 많이 마신 사람은 민주입니다.

13 은원 32개, 서현 26개, 동주 27개이므로 구슬을 가장 적게 가지고 있는 사람은 서현입니다.

14 34보다 크고 38보다 작은 수는 35, 36, 37입니다.
　　⇨ □ 안에 들어갈 수 있는 수는 35, 36, 37

15 6보다 작은 수는 2, 4, 3이므로 모두 3개입니다.

16 만들 수 있는 가장 큰 수는 43이고 둘째로 큰 수는 42입니다.

17 가: 10개, 나: 6개, 다: 8개

18 (형과 동생이 가지고 있는 공책의 수)
　　=5+3=8(권)
　　8은 4와 4로 똑같이 가를 수 있으므로
　　(형이 동생에게 주어야 하는 공책의 수)
　　=5-4=1(권)

19 그림을 그려 알아봅니다.

빨대　칫솔　연필

　　⇨ 가장 긴 것은 빨대입니다.

20

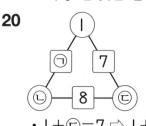

　　• 1+㉢=7 ⇨ 1+6=7, ㉢=6
　　• ㉡+6=8 ⇨ 2+6=8, ㉡=2
　　⇨ 1+2=㉠, ㉠=3

1 4	**2** 배
3 ㉢	**4** 42
5 민현	**6** ㉢, ㉣, ㉠, ㉡
7 🛢에 ○표	**8** ㉡
9 2	**10** 3개
11 예지	**12** 가
13 5가지	**14** 7
15 26, 36	**16** 6도막
17 🛢에 ○표	**18** 수빈
19 4개	**20** 2

1 7−3=4

2 양팔 저울은 아래로 내려간 쪽이 더 무거우므로 배가 사과보다 더 무겁습니다.

3 주어진 모양은 뾰족한 부분과 평평한 부분이 있으므로 🧊모양입니다.
⇨ 🧊모양의 물건은 ㉢입니다.

4 10개씩 묶음의 수를 비교하면 37이 가장 작습니다. 42와 40의 낱개의 수를 비교하면 42가 40보다 큽니다.

5 6이 2보다 크므로 민현이가 사탕을 더 많이 가지고 있습니다.

6 양쪽 끝이 맞추어져 있으므로 많이 구부러져 있을수록 더 깁니다.
⇨ 긴 끈부터 차례대로 쓰면 ㉢, ㉣, ㉠, ㉡입니다.

7 🧊모양: 2개, 🛢모양: 3개, ⚪ 모양: 1개
⇨ 2, 3, 1 중 가장 큰 수가 3이므로 가장 많이 사용한 모양은 🛢모양입니다.

8 작은 한 칸의 크기가 모두 같으므로 칸 수를 세어 보면 ㉠은 7칸, ㉡은 5칸, ㉢은 8칸입니다.
⇨ 칸 수가 적을수록 더 좁은 것이므로 가장 좁은 것은 ㉡입니다.

9 수 카드의 수를 큰 수부터 늘어놓으면 9, 5, 4, 2, 1입니다.
⇨ 뒤에서 둘째에 놓이는 수는 2입니다.

10
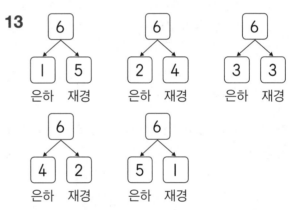
주머니 안에 사탕이 8개가 되도록 ○를 그려 보면 그린 ○는 3개이므로 더 넣어야 하는 사탕은 3개입니다.

11 10개씩 묶음 2개와 낱개 6개인 수는 26이므로 예지가 딴 사과는 26개입니다.
⇨ 26이 24보다 크므로 사과를 더 많이 딴 사람은 예지입니다.

12 주어진 모양 — 🧊모양: 2개, 🛢모양: 2개, ⚪모양: 1개
가 — 🧊모양: 2개, 🛢모양: 2개, ⚪모양: 1개
나 — 🧊모양: 3개, 🛢모양: 1개, ⚪모양: 1개
⇨ 주어진 모양만 모두 사용하여 만든 모양은 가입니다.

13

```
  6          6          6
 ↙ ↘       ↙ ↘       ↙ ↘
1   5      2   4      3   3
은하 재경   은하 재경   은하 재경

  6          6
 ↙ ↘       ↙ ↘
4   2      5   1
은하 재경   은하 재경
```
⇨ 은하와 재경이가 연필을 나누어 가지는 방법은 모두 5가지입니다.

14 7−5=2이므로 ▲=2입니다.
2+★=9에서 2와 더해서 9가 되는 수는 7이므로 ★=7입니다.

15 17과 44 사이의 수는 18, 19, ..., 42, 43입니다. 이 중에서 낱개의 수가 6인 수는 26과 36입니다.

16
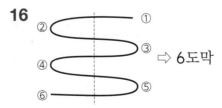
⇨ 6도막

17 가에서 찾을 수 있는 모양은 ⬚ 모양과 ⬤ 모양입니다.

나에서 찾을 수 있는 모양은 ⬛ 모양과 ⬚ 모양입니다.

⇨ 가와 나에서 모두 찾을 수 있는 모양은 ⬚ 모양입니다.

18 그림으로 나타내면 다음과 같습니다.

5층	
4층	← 민영
3층	← 소은
2층	← 수빈
1층	

⇨ 가장 낮은 층에 사는 사람은 수빈입니다.

19 같은 칸에 놓이는 가, 나의 수를 (가, 나)와 같이 나타내면 다음과 같습니다.

(21, 31), (43, 45), (32, 30), (16, 26), (17, 18), (28, 22)

⇨ 앞에 있는 수가 작은 것은
(21, 31), (43, 45), (16, 26), (17, 18)
로 모두 4개입니다.

20 아래부터 거꾸로 생각하여 9가 되는 경우를 찾습니다.

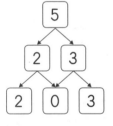

맨 위의 수가 9가 아닙니다.

맨 위의 수가 9가 아닙니다.

⊙=2일 때

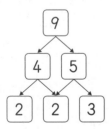

조건에 맞으므로
⊙=2입니다.

3회

1 넷째	**2** 2개
3 나	**4** 38, 40
5 ㉢	**6** ㉯
7 ③	**8** 9층
9 ⬚에 ○표	**10** 나
11 9	**12** ㉡
13 7개	**14** 3명
15 5개	**16** 5명
17 물병	**18** 82
19 2	**20** 2

1 5는 오른쪽에서 넷째에 있습니다.

2 ⬤ 모양은 볼링공, 야구공으로 모두 2개입니다.

3 나 그릇의 크기가 더 크므로 담을 수 있는 양이 더 많습니다.

4 39보다 1만큼 더 작은 수는 38이고, 39보다 1만큼 더 큰 수는 40입니다.

5 ㉠ 3+4=7
㉡ 2+5=7
㉢ 1+7=8
㉣ 4+3=7

6 칸 수를 세어 보면 ㉮는 7칸, ㉯는 8칸입니다.
⇨ 칸 수가 많을수록 넓으므로 ㉯가 더 넓습니다.

7 ①, ②, ④, ⑤: 6
③: 5

8 (위) ○
○
○
○
○
● ←유아네 집
○
○
(아래) ○

⇨ 유아가 살고 있는 아파트는 9층까지 있습니다.

9 ・윤호네 집에 있는 물건의 모양은 ⬛ 모양과
⬭ 모양입니다.

・민지네 집에 있는 물건의 모양은 ⬭ 모양과
⚪ 모양입니다.

⇨ 두 사람의 집에 모두 있는 모양은 ⬭ 모양
입니다.

10 늘어난 용수철의 길이가 길수록 무거운 것입
니다.

늘어난 용수철의 길이가 가장 짧은 것이 가장
가벼우므로 가장 가벼운 구슬은 나 구슬입니다.

11 ・■−|=▲ ⇨ 4−|=3이므로 ▲=3입니다.

・▲+▲=● ⇨ 3+3=6이므로 ●=6입니다.

・●+3=★ ⇨ 6+3=9이므로 ★=9입니다.

12 사용한 ⬭ 모양을 세어 보면

㉠: 2개, ㉡: 4개, ㉢: 3개, ㉣: |개입니다.

⇨ ⬭ 모양을 가장 많이 사용하여 만든 모양은
㉡입니다.

13 딸기 | |개를 도하와 동생이 나누어 먹는 경우
를 모두 나타내면 다음과 같습니다.

도하			2	3	4	5	6	7	8	9	10
동생	10	9	8	7	6	5	4	3	2		

⇨ 도하가 동생보다 3개 더 많이 먹는 경우를
찾으면 도하가 7개, 동생이 4개일 때입니다.

14 (놀이터에 남은 학생의 수)=9−3=6(명)

6은 똑같은 두 수 3과 3으로 가를 수 있으므
로 놀이터에 남은 여학생은 3명입니다.

15 ⚪⬛⬭⬛⚪/⚪⬛⬭⬛⚪/⚪⬛⬭⬛⚪/
⚪⬛⬭⬛⚪/⚪

⇨ ⬭ 모양은 4개, ⚪ 모양은 9개이므로
개수의 차는 9−4=5(개)입니다.

16 (앞) ⚪ ⚪ ⚪ ⚪ ⚪ ● ⚪ ⚪ (뒤)
하니

(앞) ⚪ ⚪ ● ⚪ ⚪ ⚪ ⚪ ⚪ (뒤)
하니

⇨ 하니 뒤에서 달리는 학생은 5명이 되었습
니다.

17 ・물병에 물을 가득 담아서 3번 부으면 주전
자가 가득 차므로 주전자보다 물병에 물을
더 적게 담을 수 있습니다.

・수조에 가득 담은 물로 물병과 주전자를 모
두 채울 수 있으므로 수조에 물을 가장 많이
담을 수 있습니다.

따라서 물을 적게 담을 수 있는 것부터 차례대
로 쓰면 물병, 주전자, 수조이므로 물을 가장
적게 담을 수 있는 것은 물병입니다.

18 만들 수 있는 수 중에서 가장 큰 수는 10개씩
묶음의 수에 가장 큰 수를, 낱개의 수에 둘째
로 큰 수를 놓아 만들 수 있습니다.

둘째로 큰 두 자리 수를 만들려면 낱개의 수에
셋째로 큰 수를 놓으면 됩니다. 수 카드의 수
를 큰 수부터 차례대로 쓰면 8, 5, 2, 0이므로
가장 큰 수는 8이고, 셋째로 큰 수는 2입니다.

⇨ 만들 수 있는 수 중에서 둘째로 큰 수는 82
입니다.

19 □6은 3□보다 작은 수이므로 □ 안에 들어갈
수 있는 수는 |, 2입니다.

・□가 |일 때 16보다 크고 31보다 작은 수는
|7, |8, ..., 30으로 14개입니다.
→ 조건에 맞지 않습니다.

・□가 2일 때 26보다 크고 32보다 작은 수는
27, 28, 29, 30, 31로 5개입니다.
→ 조건에 맞습니다.

⇨ □ 안에 공통으로 들어갈 수 있는 수는 2입
니다.

20

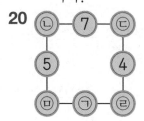

・7과 모아서 9가 되는 수는 2이므로 2를
|부터 9까지의 두 수로 가르면 |, |입니다.
따라서 ㉡과 ㉢은 |입니다.

・|과 4를 모으면 5이고 5와 모아서 9가 되
는 수는 4이므로 ㉣은 4입니다.

・|과 5를 모으면 6이고 6과 모아서 9가 되
는 수는 3이므로 ㉤은 3입니다.

・3과 4를 모으면 7이고 7과 모아서 9가 되
는 수는 2이므로 ㉠은 2입니다.

4회   15~18쪽

1 ③	**2** (○) ( )
3 2	**4** 16
5 0	**6** 37
7 3개	**8** 9
9 ㉮	**10** 6
11 7개	**12** 49
13 8명	**14** 7
15 ㉯	**16** 11개
17 5개	**18** 5
19 4봉지	**20** 3개

1 ①, ②, ④, ⑤: 📦 모양

    ③: 🥫 모양

2 양쪽 끝이 맞추어져 있으므로 많이 구부러질
수록 더 깁니다.

3 6−4=2

4 7과 9를 모으면 16입니다.

5 농구공 5개를 모두 묶으면 묶지 않은 것은 아
무것도 없으므로 0입니다.

6 낱개 17개는 10개씩 묶음 1개와 낱개 7개와
같습니다.
    ➡ 10개씩 묶음 2+1=3(개)와 낱개 7개인
     수이므로 37입니다.

7 주어진 모양은 평평한 부분과 뾰족한 부분이
있으므로 📦 모양입니다.

    ➡ 📦 모양의 물건은 ㉢, ㉣, ㉤이므로 모두
     3개입니다.

8 4, 3, 6 중 가장 큰 수는 6이고 가장 작은 수는
3입니다.
    ➡ 6+3=9

9 컵의 크기가 작을수록 더 적게 담을 수 있으므
로 물을 더 적게 담을 수 있는 컵은 ㉮입니다.
    ➡ 물을 적게 담을 수 있는 컵일수록 붓는 횟
     수가 많으므로 붓는 횟수가 더 많은 컵은
     ㉮입니다.

10 ☐ 안에 들어갈 수 있는 수는 5보다 큰 수이므
로 6, 7, ...입니다. 이 중에서 가장 작은 수는
6입니다.

11 (수아가 가지고 있는 구슬 수)=4+3=7(개)

12 오른쪽으로 한 칸 갈 때마다 1씩 커지고, 아래
쪽으로 한 칸 갈 때마다 5씩 커지는 규칙입니다.

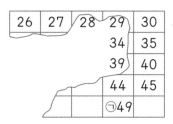

    ➡ ㉠에 알맞은 수는 49입니다.

13 (앞) ○ ○ ● ● ○ ○ ○ ○ (뒤)
            민주 주혁
    ➡ 줄을 서 있는 사람은 모두 8명입니다.

14 규칙에 따라 빈칸에 알맞은 수를 써넣으면 다
음과 같습니다.

    ➡ ㉠에 알맞은 수는 7입니다.

15 ㉮를 ㉯와 같은 크기로 나누어 보면 ㉮에서 색
칠한 한 칸의 넓이는 ㉯에서 색칠한 4칸의 넓
이와 같습니다.

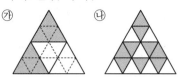

    색칠한 가장 작은 △의 칸 수를 세어 보면
    ㉮는 8칸이고 ㉯는 9칸입니다.
    ➡ 색칠한 부분이 더 넓은 것은 ㉯입니다.

16 24보다 크고 37보다 작은 두 자리 수는 25,
26, 27, 28, 29, 30, 31, 32, 33, 34,
35, 36입니다. 수 카드는 한 번씩만 사용할 수
있으므로 33은 만들 수 없습니다. 따라서 조건
을 만족하는 두 자리 수는 모두 11개입니다.

17 만든 모양에서 ⬛ 모양은 4개, 🔲 모양은 3개, ⚫ 모양은 1개 사용되었습니다.

⇨ 만들기 전에 있던 ⬛ 모양은 4개, 🔲 모양은 5개, ⚫ 모양은 3개입니다.

이 중에서 가장 많은 모양은 🔲 모양으로 5개입니다.

18

```
1 2 3 4 5 6 7 8 9
      활동 1
```

```
6 1 2 3 4 5 7 8 9
      활동 2
```

```
6 1 4 3 2 5 7 8 9
      활동 3
```

⇨ 활동 후: 6 1 4 2 5 7 8 9 3

처음: 1 2 3 4 5 6 7 8 9

⇨ 처음에 놓인 수 카드와 모든 활동을 한 후 놓인 수 카드에서 자리가 바뀌지 않은 수는 5입니다.

19 형이 동생보다 과자를 더 많이 가지도록 나누는 경우는 다음 중 한 가지입니다.

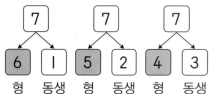

형 동생   형 동생   형 동생

초콜릿을 형이 더 적게 가지도록 나누는 경우는 다음 중 한 가지입니다.

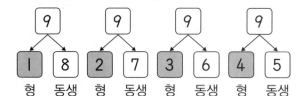

형 동생   형 동생   형 동생   형 동생

⇨ 형이 가진 과자와 초콜릿의 수가 같을 때는 4이므로 형이 가진 과자는 4봉지입니다.

20 ·(사과 1개의 무게)=(귤 2개의 무게)
⇨ (사과 3개의 무게)=(귤 6개의 무게)
·(귤 3개의 무게)=(복숭아 2개의 무게)
⇨ (귤 6개의 무게)=(복숭아 4개의 무게)

사과 3개의 무게는 귤 6개의 무게와 같고 귤 6개의 무게는 복숭아 4개의 무게와 같습니다.

⇨ 사과 3개의 무게는 복숭아 4개의 무게와 같으므로 양팔 저울의 양쪽의 무게가 같아지려면 오른쪽에 복숭아를 4-1=3(개) 더 올려놓아야 합니다.

수학 문제해결력 강화 교재

AI인공지능을 이기는 인간의 **독해력 + 창의·사고력 UP**

수학도
독해가 힘이다

새로운 유형

문장제, 서술형, 사고력 문제 등
까다로운 유형의 문제를
쉬운 해결전략으로 연습

취약점 보완

연산·기본 문제는 잘 풀지만,
문장제나 사고력 문제를 힘들어하는
학생들을 위한 맞춤 교재

체계적 시스템

문제해결력 – 수학 사고력 –
수학 독해력 – 창의·융합·코딩으로
이어지는 체계적 커리큘럼

수학도 독해가 필수!
(초등 1~6학년/학기용)

정답은
이안에
있어!